Johannes Stärk

W0416522

Selbstpräsentation

CRASHKURS!

Cornelsen

Das vorliegende Werk ist eine überarbeitete und erweiterte Lizenzausgabe
des Titels „Überzeugend auftreten“ aus der Reihe Pocket Business,
Cornelsen Verlag Scriptor.

Verlagsredaktion:
Erich Schmidt-Dransfeld
Redaktionsassistenz:
Silke Korporal
Layout und technische Umsetzung:
Verena Hinze, Essen
Umschlaggestaltung:
Gabriele Matzenauer, Berlin
Titelfoto:
© Dave & Les Jacobs / gettyimages®

Informationen über Cornelsen Fachbücher und Zusatzangebote:
www.cornelsen.de/berufskompetenz

1. Auflage

© 2011 Cornelsen Verlag Scriptor GmbH & Co. KG, Berlin

Das Werk und seine Teile sind urheberrechtlich geschützt.
Jede Nutzung in anderen als den gesetzlich zugelassenen Fällen
bedarf der vorherigen schriftlichen Einwilligung des Verlages.
Hinweis zu den §§ 46, 52a UrhG: Weder das Werk noch seine Teile
dürfen ohne eine solche Einwilligung eingescannt und in ein
Netzwerk eingestellt oder sonst öffentlich zugänglich gemacht
werden. Dies gilt auch für Intranets von Schulen und sonstigen
Bildungseinrichtungen.

Druck:
CS-Druck CornelsenStürtz, Berlin

ISBN:
978-3-589-24015-9

Inhalt gedruckt auf säurefreiem Papier aus nachhaltiger Forstwirtschaft.

Inhalt

Der Autor

Als Management-Trainer und Karriere-Coach berät Johannes Stärk seit 2001 Leistungsträger und karriereorientierte Bewerber. Vor der Gründung seines Unternehmens Intertrainment war er selbst mehrere Jahre als Führungskraft für namhafte Großunternehmen tätig. Johannes Stärk ist spezialisiert auf die Themen Persönlichkeit und Auftreten, Mitarbeiterführung sowie die Vorbereitung auf Assessment-Center und Auswahlverfahren. Gemeinsam mit seinem Team trainiert er Fach- und Führungskräfte großer und mittlerer Unternehmen im gesamten deutschsprachigen Raum.

www.intertrainment.de
www.intertrainment.at
www.intertrainment.ch

1 Grundlagen der persönlichen Wirkung

1.1 Bedeutung der Selbstpräsentation

Möchten Sie Ihrer Außenwirkung künftig mehr Erfolg verleihen? Kennen Sie Leute, die weniger leisten als Sie, aber denen es offensichtlich immer gelingt, sich positiv in Szene zu setzen? Andererseits gibt es auch Menschen, deren Auftritt übertrieben und inszeniert wirkt und denen das negative Image anhaftet, immer im Mittelpunkt stehen zu müssen.

FÜR EINE ERFOLGREICHE SELBSTPRÄSENTATION KOMMT ES AUF DAS RICHTIGE MASS AN: WEDER FALSCHE BESCHEIDENHEIT NOCH ÜBERZOGENES SICH-SELBST-VERKAUFEN SIND DAFÜR FÖRDERLICH.

Wenn Sie einen Vortrag vor einer großen Gruppe von Menschen halten, wird Ihnen sehr schnell bewusst, dass Sie hier nicht nur ein bestimmtes Thema, sondern auch sich selbst präsentieren. Sobald Sie als Redner auf der Bühne stehen, bildet sich beim Publikum ein bestimmter Eindruck. Möglicherweise werden Sie als trockene und wenig selbstbewusste oder aber als kompetente, entschlossene und charismatische Persönlichkeit eingestuft. Welchem Redner wäre da nicht der zweite Eindruck lieber?

Wahrscheinlich kommen die wenigsten von uns in die Verlegenheit, täglich Vorträge vor großem Publikum halten zu müssen. Doch Ihr Image bildet sich in allen Situationen, in denen Sie mit anderen Menschen zusammentreffen. Daher sind es gerade die alltäglichen und kleinen Anlässe, die über Ihre Wirkung entscheiden. Wenn Sie mit einem Gesprächspartner zusammentreffen, als Bewerber im Vorstellungsgespräch sitzen, an einer Besprechung teilnehmen, Gast einer Party oder Veranstaltung sind oder das Büro eines Kunden betreten – in all diesen Situationen wirken Sie auf Ihre Umwelt und präsentieren sich damit selbst.

Über geschäftlichen Erfolg und Karriere entscheiden nicht nur Kompetenz und Leistung, sondern in weit höherem Maße Auftritt und Außenwirkung. Dies bestätigt eine von IBM durchgeführte Karrierestudie. Darin wurde untersucht, in welchem Verhältnis sich drei Faktoren auf die Karrierechancen von Mitarbeitern auswirken:

- die fachliche Kompetenz mit 10 %,
- der Bekanntheitsgrad mit 60 %
- und das persönliche Image mit 30 %.

NICHT-FACHLICHES BEEINFLUSSTE ALSO ZU 90 % DEN BERUFLICHEN AUFSTIEG. MAN KANN DAVON AUSGEHEN, DASS ES SICH IN ANDEREN GROSSEN UNTERNEHMEN ÄHNLICH VERHÄLT.

Dieses Buch soll Ihnen dabei helfen, Ihre Wirkung auf andere Menschen besser einzuschätzen und die Möglichkeiten einer angemessenen Selbstpräsentation optimal zu nutzen.

→ Übung 1

Situationen, bei denen Sie hinsichtlich Ihrer Wirkung und Überzeugungsfähigkeit unzufrieden sind.

1. Schritt: Bitte schätzen Sie Ihre Wirkung und Überzeugungskraft in den vorgegebenen Situationen ein; benoten Sie sich anhand des Schulnotensystems. Themen, die auf Sie überhaupt nicht zutreffen, überspringen Sie natürlich. Sollten Ihnen weitere Anlässe einfallen, zu denen Sie Optimierungsbedarf vermuten, dann nehmen Sie diese unten in die Liste auf und benoten Ihre Wirkung ebenfalls. Wählen Sie danach die Situationen aus, in denen Sie den größten Handlungsbedarf sehen und in denen Sie sich unbedingt verbessern möchten.

1. Schritt: Beurteilung und Auswahl

Situation	*Note (1-6)*	*Auswahl*
Bewerbungssituationen/ Vorstellungsgespräche		
Kunden- / Verkaufsgespräche		
Telefonischer Kundenkontakt		
Gespräche mit Vorgesetzten		
Mitarbeitergespräche (als Vorgesetzter)		
Geschäftliche Verhandlungsgespräche		
Private Verhandlungsgespräche (z.B. Bank, Autokauf usw.)		
Teilnahme an einer Besprechung		

Leitung/Moderation einer Besprechung		
Präsentationen/Vorträge		
Smalltalk bei Veranstaltungen (z.B. Empfang, Kongress, Seminar, Party usw.)		

Sollten Sie mehr als drei Situationen ausgewählt haben, dann priorisieren Sie Ihre Auswahl und legen Sie die drei Bereiche fest, denen Sie aus Ihrer Sicht die größte Aufmerksamkeit widmen sollten.

2. Schritt: Versetzen Sie sich nun nacheinander in jede der (max. drei) Situationen hinein und reflektieren Sie, woran es liegen könnte, dass Sie Ihre optimale Wirkung nicht entfalten. An welchen Punkten sehen Sie konkreten Optimierungsbedarf? Bitte notieren Sie Ihre Eindrücke.

2. Schritt: Selbstreflexion

Situation	*Notizen*
1. …	
2. …	
3. …	

1.2 Entstehung der Außenwirkung

Um die Selbstpräsentation positiv zu beeinflussen, ist es wichtig, sich zunächst bewusst zu machen, wie Außenwirkung zustande kommt. Der Kommunikationspsychologe Prof. Albert Mehrabian machte durch seine Untersuchungen klar, dass verbale Aussagen vielfach untergehen, wenn die Gesamterscheinung nicht stimmig ist. Er fand heraus, dass Körpersprache und Stimme dabei den stärksten Einfluss ausüben: Ausstrahlung und Wirkung eines Menschen sind zu 55 % auf seine Körpersprache in Kombination mit dem Erscheinungsbild, zu 38 % auf seine Stimme und nur zu 7 % auf den Inhalt zurückzuführen.

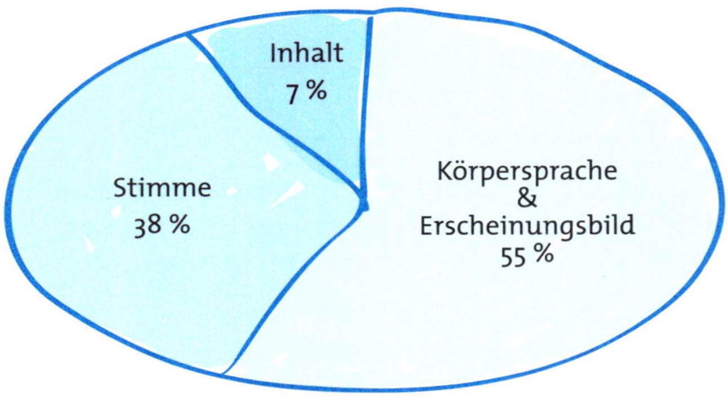

Die Kanäle der persönlichen Wirkung

Es gibt aber auch kritische Anmerkungen zur Studie von Prof. Mehrabian, die insbesondere von Rhetoriktrainern vielfach zitiert wird. Die Kritik liegt im Studiendesign sowie der Tatsache begründet, dass die Studie bereits 1967 und 1968 entstand und seitdem nie wiederholt wurde. Auch wenn sich Fachleute immer wieder über die Aussagekraft der einzelnen Prozentwerte streiten, so wird dennoch eine klare Tendenz sichtbar.

Ihr Urteil über einen Redner bildet sich nur zu einem geringen Teil über die Inhaltsebene, also über das, was er sagt. Viel stärker fällt ins Gewicht, wie er es sagt und wie er dabei auftritt. Die Eindrücke über das „Wie" bilden sich dabei sehr schnell und werden in hohem Maße intuitiv und emotional bewertet. Die rationalen Beurteilungskriterien greifen eher bei der Beurteilung des Inhaltes, also des „Was".

Die Bedeutung dieses Phänomens wird klarer, wenn wir die menschliche Entwicklungsgeschichte betrachten: Bei unseren urzeitlichen Vorfahren ging es weniger darum, Vortragsredner einzuschätzen, sondern vielmehr darum, blitzschnell zu beurteilen, ob bestimmte Artgenossen feindlich oder freundlich gesinnt waren. Sofort zu erkennen, ob jemand kampfbereit in Angriffs- oder Abwehrhaltung, mit Drohgebärden oder aber offen und unbewaffnet auf uns zukam, war überlebenswichtig.

Damals konnte man sich noch nicht über eine ausgefeilte Sprache verständigen, sondern zunächst nur über Laute und Gebärden. Die Sprache, die es uns heute ermöglicht, Informationen präzise zu formulieren, entwickelte sich erst relativ spät. Dies könnte erklären, warum Körpersprache und Klang der Stimme im Vergleich zum Inhalt auch heute noch eine so mächtige Wirkung erzielen.

Um Missverständnissen vorzubeugen: Es nützt wenig, einen schlechten Inhalt durch eine glänzende Verpackung aufpolieren zu wollen. Für die Vermittlung von reinen Fachinformationen ist natürlich immer die Inhaltsebene entscheidend. Eindrücke wie z.B. Sympathie, Überzeugungskraft und Glaubwürdigkeit entstehen jedoch maßgeblich anhand der anderen beiden Kanäle, nämlich über die Körpersprache mit dem Erscheinungsbild sowie über die Stimme.

Im Klartext heißt das: Alle Kanäle müssen die gleiche Botschaft senden. Wir sprechen dann von Kongruenz, alle ausgestrahlten Informationen sind für den Empfänger stimmig und überzeugend. Und das deckt sich mit der Kernaussage der Mehrabian-Studie, zu der trotz anderweitiger Meinungsverschiedenheiten Einigkeit herrscht:

Menschen sind in der Lage, Inkongruenz zwischen den unterschiedlichen Informationskanälen sofort zu erkennen.

EIN ÜBERZEUGENDER POSITIVER GESAMTEINDRUCK ENTSTEHT ERST DURCH DAS HARMONISCHE ZUSAMMENWIRKEN ALLER BETEILIGTEN KANÄLE.

Erschreckend ist, dass selbst Personen des öffentlichen Lebens sich dieses Zusammenwirkens nicht bewusst sind. Stellen Sie sich bitte einen Politiker vor, der mit monotoner Stimme, herabhängenden Mundwinkeln und unsicherer Körperhaltung die Bürger beschwört, an den wirtschaftlichen Aufschwung zu glauben.

Wenn auf den verschiedenen Kanälen widersprüchliche Botschaften gesendet werden, spricht man von Inkongruenz. Im Zweifel vertrauen wir dann mehr den körpersprachlichen und stimmlichen Informationen als dem Inhalt und werden vom Aufschwung nicht überzeugt sein.

1.3 Wahrnehmungs- und Beurteilungstendenzen

Eindrücke über Mitmenschen bilden sich in unserem Kopf und sind damit subjektiv. Neben dem Zusammenspiel der drei Informationskanäle tragen auch bestimmte Wahrnehmungs- und Beurteilungstendenzen zu ihrer Entstehung bei.

Sicher ist Ihnen der Effekt des ersten Eindrucks bekannt: Eine unbekannte Person betritt den Raum und innerhalb weniger Sekunden bilden wir uns eine Meinung. Der Neuankömmling muss noch nicht einmal einen Satz von sich gegeben haben, schon haben wir ihn einsortiert. Dieser Eindruck entsteht meist rein optisch, also durch Körpersprache und äußeres Erscheinungsbild.

„YOU NEVER HAVE A SECOND CHANCE TO MAKE A FIRST IMPRESSION." (SIE HABEN KEINE ZWEITE CHANCE, EINEN ERSTEN EINDRUCK ZU HINTERLASSEN.)

Dieses englische Sprichwort verdeutlicht die Macht des ersten Eindrucks, der sich nur schwer revidieren lässt.

Ein für die Außenwirkung weiterer wichtiger Effekt ist die Fokussierung auf ein zentrales Merkmal. Ging es Ihnen nicht auch schon so, dass Sie bei einem Redner, der ständig „äh" und „ähm" verwendete, so stark abgelenkt waren, dass der Inhalt nebensächlich wurde? Auch besonders auffällige optische Merkmale eines Gesprächspartners können unsere Aufmerksamkeit so fesseln, dass wir uns auf andere Dinge kaum noch konzentrieren können. Dies könnte zum Beispiel die schrille Krawatte, die pinkfarbenen Schuhe oder der überdimensionierte Ohrschmuck sein.

Der so genannte Halo- oder Überstrahlungseffekt bewirkt, dass besonders positive oder negative Merkmale bzw. Leistungen alle anderen Bereiche überstrahlen.

- Einer Person, die uns besonders aufmerksam und freundlich begrüßt, unterstellen wir, dass sie auch in allen anderen Bereichen ein besonders angenehmer Kommunikationspartner sein muss, obwohl uns dazu keine Erfahrungswerte vorliegen.
- Der Bewerber, der im Rahmen eines Assessment-Centers in einer Aufgabe ein besonders schlechtes Ergebnis erzielt, läuft Gefahr, auch in folgenden Übungen von den Entscheidern tendenziell schlechter bewertet zu werden.

Welches Bild taucht bei Ihnen auf, wenn Sie sich einen seriösen Rechtsanwalt oder vertrauenswürdigen Arzt vorstellen? Bei der Stereotypisierung werden bestimmte Merkmale automatisch mit einer bestimmten Bewertung assoziiert: Brillenträger werden beispielsweise von den meisten Menschen als intelligenter eingestuft, während mit dem Tragen eines eleganten Anzugs Seriosität und Kompetenz in Verbindung gebracht werden.

Irritiert sind wir dann, wenn die tatsächliche Wahrnehmung nicht zu unserem vorgefertigten Bild passt: Stellen Sie sich vor, Sie müssten sich einer Zahnbehandlung unterziehen und die Person, die sich als Zahnarzt vorstellt, trägt keinen weißen Kittel, sondern statt dessen einen Blaumann. Was denken Sie?

Diese Wahrnehmungs- und Beurteilungseffekte gleichen automatisierten Programmen, die in unserem Kopf ablaufen und denen wir uns nur schwer entziehen können. Auch hier lassen unsere Urahnen grüßen, denn um zu überleben, war es wichtig, die Umwelt schnell beurteilen zu können. Bei der Begegnung mit einem Säbelzahntiger war es sicher nicht ratsam, langwierig zu entscheiden, ob es sich um Freund oder Feind handeln könnte. Noch heute tragen diese Effekte entscheidend dazu bei, wie wir uns gegenseitig einschätzen und welche Außenwirkung wir hinterlassen.

Die Entstehung der persönlichen Entwicklung

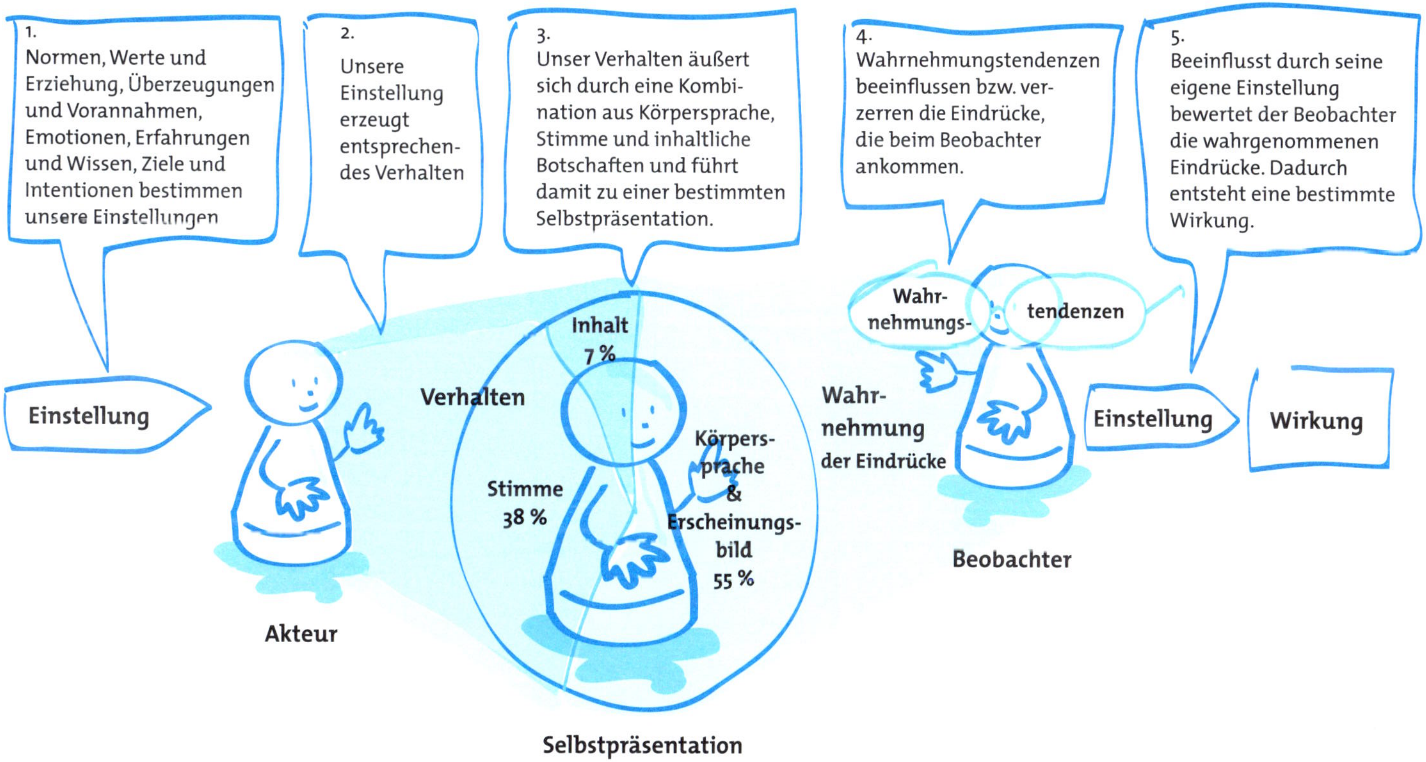

1.4 Selbst- und Fremdbild

Sie haben nun schon viel darüber erfahren, wie Ihre persönliche Wirkung zu Stande kommt und welche Einflussfaktoren daran beteiligt sind. In den folgenden Kapiteln erhalten Sie von mir eine Reihe von Strategien und Handlungsempfehlungen, mit deren Hilfe Sie Ihre persönliche Wirkung verbessern – und dadurch überzeugender auftreten – können. Doch die hier dargestellten praktischen Tipps und theoretischen Hintergründe werden Ihnen nur bedingt weiterhelfen, wenn Sie einen entscheidenden Punkt unberücksichtigt lassen. Dabei handelt es sich um die Diskrepanz zwischen Selbst- und Fremdbild. Manche Menschen tragen ein Selbstbild in sich, das nur wenige Gemeinsamkeiten mit dem Fremdbild – also dem Bild, wie andere Menschen die Person wahrnehmen – aufweist.

Es ist weder möglich noch erstrebenswert, eine 100%ige Überstimmung zwischen beiden herzustellen. Doch je näher Selbst- und Fremdbild beieinanderliegen, desto leichter fällt es, die eigene Wirkung auf das Umfeld realistisch einschätzen zu können. Dies wiederum ist die Voraussetzung dafür, am eigenen Auftreten erfolgreich zu arbeiten. Das von den Sozialpsychologen Joseph Luft und Harry Ingham begründete Modell – bekannt als „Johari-Fenster" – dient zur Veranschaulichung des Zusammenhangs von Selbst- und Fremdwahrnehmung.

	Mir selbst ...	
	bekannt	unbekannt
bekannt	A Arena – Öffentliches Ich	B Blinde Flecke
Den anderen...		
unbekannt	C Privates	D Verborgenes

Johari-Fenster: Die Bezeichnung für dieses Modell entstand aus einem Wortspiel mit den Vornamen der beiden Begründer Joseph Luft und Harry (= Harrington) Ingham.

a. Arena – Öffentliches

In diesem Bereich ist alles angesiedelt, was ein Mensch bewusst von sich preisgibt und somit ihm selbst und seiner Umwelt bekannt ist. Dies umfasst die Persönlichkeitsmerkmale und Verhaltensweisen, die wissentlich nach außen sichtbar gemacht werden und von anderen Menschen wahrgenommen werden können.

b. Blinde Flecke

Jeder Mensch sendet bestimmte Signale aus oder legt Verhaltensweisen an den Tag, derer er sich gar nicht bewusst ist. Diese werden jedoch nur vom Empfänger wahrgenommen und interpretiert. Möglicherweise werden dem Sender daraufhin bestimmte Persönlichkeitsmerkmale zugeschrieben. Viele Redner sind sich beispielsweise ihrer „Ähs" und „Ähms" überhaupt nicht bewusst. Spricht man die Person direkt darauf an, ist sie meist völlig überrascht.

c. Privates

Es gibt bestimmte Informationen, Eigenschaften oder Verhaltensweisen, die man nach außen nicht gerne sichtbar macht. Der Betroffene möchte bestimmte Dinge für sich behalten und anderen nicht zugänglich machen. So könnte es einer Person z.B. unangenehm sein, unter einer bestimmten Phobie zu leiden oder bei der Führerscheinprüfung durchgefallen zu sein.

d. Verborgenes

Dieser Bereich des Unbewussten ist sowohl dem Betreffenden als auch seinem Umfeld verborgen. Zugänge könnte man eventuell mittels tiefenpsychologischer Methoden erschließen.

Interessant für die Arbeit mit diesem Buch ist besonders die Betrachtung der Bereiche A und B und deren Relation zueinander. Ziel Ihrer persönlichen Weiterentwicklung sollte es sein, die blinden Flecke zu reduzieren, die Arena zu vergrößern und damit die Grenze zwischen A und B immer weiter nach rechts zu verschieben. Hört sich ganz simpel an, doch wie kann dies in der Praxis gelingen? Sich nun selbst vorzunehmen, künftig auf bestimmte Dinge zu achten, ist zwar ein erster guter Ansatz, der alleine aber noch nicht ausreicht. Der Bereich der blinden Flecke ist ja gerade deshalb tückisch, weil er einem selbst überhaupt nicht bewusst ist, wie die im obigen Beispiel genannten „Ähs" und „Ähms" des Redners. Dieser kann ja erst an diesem Problem arbeiten, wenn er überhaupt erkannt hat, dass er eines hat. Solche lästigen Fülllaute lassen sich übrigens recht einfach reduzieren – wie, das erfahren Sie im Kapitel „Erfolgsfaktor Stimme".

Die Lösung liegt im Einholen von Feedback. Bitten Sie Personen Ihres Vertrauens, Ihnen Rückmeldung zu Ihrem Verhalten zu geben. Wählen Sie dazu gezielt die Situationen aus, in denen Sie mit Ihrer persönlichen Wirkung noch nicht zufrieden sind (z. B. Präsentationen). Nutzen Sie hierfür die Liste, die Sie auf S. 9 angefertigt haben. Wichtig: Stimmen Sie vorab mit Ihrem Feedbackgeber ab, bei welcher Aktion er Sie beobachten soll. Wenig ergiebig ist es, jemanden nach einer Präsentation zu fragen, „Na wie war's", wenn derjenige vorher gar nicht wusste, dass nachher seine Einschätzung gefragt sein wird.

In verschiedenen Situationen ist es darüber hinaus extrem hilfreich, mit Video-Feedback zu arbeiten. Die Rückmeldungen Dritter werden dadurch nachvollziehbarer, weil Sie sich selbst in Aktion erleben und Ihre Eindrücke direkt mit dem Feedback ableichen können. Bei der Analyse Ihrer eigenen Aufzeichnungen wechseln Sie die Seite und betrachten sich aus der Außenperspektive. Sie werden überrascht sein, wie viele Merkmale und Verhaltensweisen Sie an sich entdecken, die Ihnen vorher noch gar nicht bewusst waren. Insofern ist Video-Feedback eine hervorragende Methode, um blinde Flecke zu identifizieren – und dies sogar unabhängig von einem Feedbackgeber. Ein weiterer Vorteil liegt darin, dass Ihr „Auftritt" für Sie dokumentiert ist und Sie somit bestimmte Szenen immer wieder betrachten können. Als Trainer weiß ich aus meinen Seminaren, dass sich bei der Ankündigung des Einsatzes eines Camcorders die Begeisterung der Teilnehmer zunächst in Grenzen hält. Doch nach der Überwindung des ersten „Schocks" bestätigen Klienten einvernehmlich, dass für sie das Video-Feedback eines der nützlichsten Instrumente im Training ist. Nachdem es heute ja in nahezu jedem Haushalt ein Gerät gibt, mit dem Aufzeichnungen angefertigt werden könnten, sollten Sie diese Möglichkeit unbedingt für die Durchführung der in diesem Buch dargestellten Übungen nutzen.

→ Übung 2
„Fremdbildeinschätzung"

Kopieren Sie diese Seite vor dem Ausfüllen mehrfach, damit Sie sie einigen ausgewählten Personen zur Verfügung stellen können.

Schätzen Sie sich zunächst selbst ein: Kreuzen Sie die Punkte an, von denen Sie glauben, dass diese Sie am ehesten charakterisieren. Wichtig: Beschränken Sie sich dabei auf drei bis fünf Nennungen. Bitte streichen Sie außerdem die drei bis fünf Nennungen durch, die am wenigsten auf Ihre Person zutreffen.

Wählen Sie nun aus Ihrem Umfeld einige Feedbackgeber aus, denen Sie diesen Bogen mit der Bitte um eine Einschätzung Ihrer Person zur Verfügung stellen. Im Idealfall sollten diese Personen unterschiedliche Lebensbereiche abdecken (z.B. Freundeskreis, Beruf, Verein usw.).

Die Feedbackgeber sollen ebenfalls drei bis fünf Punkte ankreuzen, die sie bei Ihnen als stark ausgeprägt empfinden und drei bis fünf Nennungen durchstreichen, die am wenigsten auf Sie zutreffen. Am effektivsten ist es, sich bei den Nennungen möglichst zügig zu entscheiden und nicht lange abzuwägen. Bitten Sie die Personen um eine ehrliche Einschätzung, da Ihnen ein Gefälligkeitsurteil nicht weiterhilft. Entscheidend ist also wirklich der subjektive persönliche Eindruck.

Suchen Sie nach der Einschätzung das persönliche Gespräch mit jedem Feedbackgeber. Denn aussagekräftiger als die stichpunktartigen Nennungen sind natürlich die Eindrücke der Befragten, die zu dieser Einschätzung führten. Seien Sie auch für unliebsame Verhaltensbeschreibungen offen und betrachten Sie diese nicht als Kritik an Ihrer Person, sondern als Chance für die persönliche Weiterentwicklung. Hinterfragen Sie Punkte, die Sie nicht nachvollziehen können, aber rechtfertigen Sie sich keinesfalls für Ihr Verhalten. Bedanken Sie sich bei Ihrem Feedbackgeber für die Unterstützung!

Persönliche Einschätzung für: ______________________

Erstellt von (Feedbackgeber): ______________________

- ❍ *abwartend*
- ❍ *aggressiv*
- ❍ *aktiv*
- ❍ *ausgeglichen*
- ❍ *aufrichtig*
- ❍ *charismatisch*
- ❍ *charmant*
- ❍ *diszipliniert*
- ❍ *dominant*
- ❍ *durchsetzungsfähig*
- ❍ *dynamisch*
- ❍ *einfühlsam*
- ❍ *elegant*
- ❍ *emotional*
- ❍ *engagiert*
- ❍ *erfolgreich*
- ❍ *fortschrittlich*
- ❍ *glaubwürdig*
- ❍ *humorvoll*
- ❍ *innovativ*
- ❍ *intelligent*
- ❍ *kreativ*
- ❍ *kommunikativ*
- ❍ *kompetent*
- ❍ *kooperativ*
- ❍ *konservativ*
- ❍ *kühl*
- ❍ *lautstark*
- ❍ *leger*
- ❍ *leistungsfähig*
- ❍ *passiv*
- ❍ *pfiffig*
- ❍ *rational*
- ❍ *rücksichtsvoll*
- ❍ *sachlich*
- ❍ *schüchtern*
- ❍ *sensibel*
- ❍ *selbstbewusst*
- ❍ *souverän*
- ❍ *spontan*
- ❍ *sympathisch*
- ❍ *taff*
- ❍ *unbeholfen*
- ❍ *unentschlossen*
- ❍ *unterhaltsam*
- ❍ *unsicher*
- ❍ *warmherzig*
- ❍ *zuverlässig*

→ Zusammenfassung

- ✓ Karrierechancen sind zu 90 % vom Bekanntheitsgrad und persönlichen Image abhängig, was die Wichtigkeit einer guten Außenwirkung unterstreicht.
- ✓ Auf die Körpersprache und das äußere Erscheinungsbild wird das Hauptaugenmerk des Betrachters gelenkt.
- ✓ Ein optimaler Gesamteindruck wird erreicht, wenn die Einflussfaktoren der nonverbalen Ebene, die Stimme und die inhaltlichen Aussagen harmonisch zusammenwirken.

- ✓ Meist automatisierte Wahrnehmungs- und Beurteilungstendenzen beeinflussen unsere gegenseitigen Einschätzungen.
- ✓ Nachhaltig zeigt sich die erste Begegnung durch den Effekt des ersten Eindrucks.
- ✓ Auffälligkeiten – zentrales Merkmal genannt – lenken unsere Aufmerksamkeit.
- ✓ Beim Halo- oder Überstrahlungseffekt werden Merkmale/Leistungen von einer Situation auf eine andere ungeprüft übertragen.
- ✓ Stereotypisierung meint die Einordnung bestimmter Merkmale/Eigenschaften in eine bestimmte Kategorie mit entsprechenden Bewertungen.
- ✓ Wer seine Außenwirkung verbessern möchte, benötigt einen Abgleich von Fremd- und Selbstbild
- ✓ „Blinde Flecke" sind Verhaltensweisen oder Signale, die dem Sender gar nicht bewusst sind, die jedoch von der Umwelt wahrgenommen werden.
- ✓ Das Einholen von Feedback ist die wirksamste Möglichkeit „blinde Flecke" bewusst zu machen und zu reduzieren.

2 Image und Impression-Management

2.1 Erwünschtes Image

Image ist, was andere Leute über Sie denken. So kurz und knapp lässt sich definieren, was darunter zu verstehen ist. Wie möchten Sie gerne wahrgenommen werden: Als kompetenter Leistungsträger, der Aufgaben erfolgreich bewältigt? Oder lieber als freundlicher, sympathischer Mensch, den man gerne in seiner Nähe hat? Gefällt Ihnen die erste oder die zweite Variante besser? Welches Image erstrebenswerter ist, können nur Sie für sich beantworten. Wenn Ihnen die Entscheidung schwerfällt, dann liegt es wohl daran, dass das eine das andere nicht ausschließen muss. Günstig wäre daher eine Kombination aus beidem.

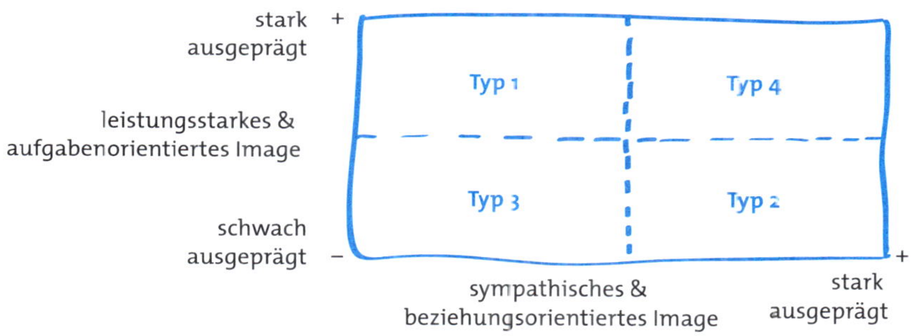

Die vier verschiedenen Image-Typen

Wenn man das leistungsstarke/aufgabenorientierte Image mit dem sympathischen/beziehungsorientierten Image in Bezug setzt, lassen sich daraus vier Grundtypen ableiten:

- **Typ 1:** Der Leistungsträger: Diese Person wird von ihrer Umwelt als leistungsstark und aufgabenorientiert eingeschätzt. Eigenschaften wie Leistungsfähigkeit, Disziplin, Ergebnisorientierung, Kompetenz oder Expertentum werden mit ihr in Verbindung gebracht. Wenn diese Eindrücke sehr stark ausgeprägt sind und eine sympathische, beziehungsorientierte Seite kaum erkennbar ist, erhält dieser Mensch das Image der Maschine, des Technokraten oder des Strebers.

- **Typ 2:** Der Sympathische: Dieser Typ wird als sympathischer und beziehungsorientierter Zeitgenosse wahrgenommen. Der Beobachter assoziiert mit ihm Eigenschaften wie soziale Kontaktfähigkeit, Hilfsbereitschaft, Einfühlungsvermögen oder Freundlichkeit. Treten diese Aspekte sehr stark in den Vordergrund und sind wenig leistungsstarke und aufgabenorientierte Faktoren wahrnehmbar, dann wird dieser Mensch zwar als nett, aber womöglich gleichzeitig als inkompetent abgestempelt.

- **Typ 3:** Der Unangenehme / Der Unauffällige: Bei dieser Person sind die guten Seiten nach außen hin schwer erkennbar. Er wirkt auf seine Mitmenschen entweder farblos oder im negativen Sinne sogar unsympathisch und wenig leistungsorientiert.

- **Typ 4:** Der Sympathie- und Leistungsträger: Bei ihm sind die vorteilhaften Wirkungen von Typ 1 und Typ 2 miteinander vereint, er wird als aufgaben- und beziehungsorientiert und als leistungsstark und sympathisch wahrgenommen.

Die beschriebenen Typen werden in der Praxis kaum in diesen Reinformen auszumachen sein. Nichtsdestotrotz zeichnet sich bei vielen eine Tendenz zu Typ 1 oder zu Typ 2 ab. In diesem Zusammenhang ist auch die geschlechtsspezifische Verteilung erwähnenswert, denn in der ersten Kategorie sind etwas mehr Männer und in der zweiten Kategorie etwas mehr Frauen vertreten.

→ Übung 3

? *Gehen Sie gedanklich verschiedene Menschen wie Politiker, Manager, Vorgesetze und Kollegen durch und überlegen Sie, wie diese auf Sie persönlich wirken. Präsentiert sich diese Person eher leistungsstark und aufgabenorientiert oder doch mehr sympathisch und beziehungsorientiert?*

Was glauben Sie, wie Sie auf Ihre Mitmenschen wirken? Werden Sie eher als der Leistungsträger oder mehr als der Sympathische eingestuft, was glauben Sie? Vielleicht haben Sie schon eine Idee, wo andere Sie auf dem Koordinatenkreuz platzieren würden.

Wenn Sie Ihre persönliche Wirkung verbessern möchten, dann sollten Sie nicht nur wissen, wo Sie gerade stehen, sondern sich auch fragen, welches Image Sie in welchem Umfeld erzielen möchten. Abhängig von Unternehmen, Position und Kultur kann es in beruflichen Situationen vorteilhafter sein, eher als der Leistungsträger zu gelten und nicht so sehr als der Sympathische. Präsentieren Sie sich jedoch genau so auf der privaten Grillparty, dann werden Sie möglicherweise wenig Freunde finden oder gelten als Angeber. Ein sympathisches und beziehungsorientiertes Image erweist sich im persönlichen Umfeld meist als wertvoller.

Das Image des Sympathie- und Leistungsträgers (Typ 4) anzustreben, könnte eine mögliche Zielsetzung Ihrer Selbstpräsentation sein. Die meisten der in diesem Buch dargestellten Erfolgsfaktoren und Strategien sind deshalb ganzheitlich angelegt: Sie zielen sowohl auf ein leistungsstarkes als auch auf ein sympathisches Image ab. Fragen Sie sich vor der Umsetzung in jedem Fall, welche Wirkung Sie in welchem Lebensbereich tatsächlich erreichen wollen.

2.2 Strategische Imagebildung

Unternehmen lassen es sich ein Menge Geld kosten, sich und ihre Produkte in einem bestimmten positiven Licht erscheinen zu lassen. Gerade Persönlichkeiten des öffentlichen Lebens versuchen oft gezielt, ein bestimmtes Image ihrer Person aufzubauen oder zu pflegen. Denken Sie nur an den „wohltätigen Unternehmer“, den „führungsstarken Politiker“, den „sympathischen Schlagersänger“ oder den „glamourösen Filmstar“. Diese Außenwirkung entsteht selten zufällig, sondern wird oft sogar ganz bewusst erzeugt. Man nennt dies auch Impression-Management oder zu Deutsch Eindruckssteuerung.

Der Sozialpsychologe Hans Dieter Mummendey beschreibt die Impression-Management-Theorie wie folgt: „Individuen kontrollieren (beeinflussen, steuern, manipulieren etc.) in sozialen Interaktionen den Eindruck, den sie auf andere Personen machen.“ Quelle: Mummendey, Hans Dieter: Psychologie der Selbstdarstellung. 2. Auflage, Göttingen 1990.

Wenn Sie jedoch glauben, dass sich nur VIPs bestimmter Impression-Management-Techniken bedienen, um einen guten Eindruck zu erwecken, dann liegen Sie weit daneben. Denken Sie einmal an Ihre letzte Bewerbungssituation zurück. Angefangen von der Auswahl eines guten Bewerbungsfotos, der Entscheidung für ein bestimmtes Outfit bis zur kalkulierten Aussage zu einem bestimmten Gesprächsthema wollten Sie damit einen ganz bestimmten Eindruck erwecken. Letztendlich handelte es sich um taktisches Impression-Management zur Erzeugung einer bestimmten Wirkung in dieser Situation. Von strategischem Impression-Management spricht man dagegen, wenn eine Person gezielt ein gewünschtes Image anstrebt. Hier müssen bestimmte Verhaltensmuster situationsübergreifend und längerfristig praktiziert werden. Stellen Sie sich vor, Ihre Bewerbung (als Abteilungsleiter) war erfolgreich und Sie möchten sich nun den Ruf einer zupackenden und durchsetzungsfähigen Führungskraft aufbauen, dann werden Sie das niemals an einem Tag schaffen. Vermutlich werden Sie dafür Wochen oder Monate – womöglich sogar Jahre – brauchen, um sich das gewünschte Image zu erarbeiten.

2.3 Impression-Management-Techniken

Mummendey beschreibt in seinem Werk verschiedene Impression-Management- bzw. Selbstdarstellungstechniken, von denen ich die am häufigsten beobachtbaren aufgreifen möchte. Vielleicht werden Sie sich dabei ertappen, dass Sie die eine oder andere Technik gezielt oder vielleicht auch unbeabsichtigt öfters anwenden.

- Eigenwerbung betreiben (self-promotion)
  Die eigenen Leistungen, Kenntnisse und Qualifikationen werden nach außen sichtbar gemacht. Ziel ist es, sich als besonders kompetent, leistungsstark oder intelligent darzustellen. Häufig wird deshalb auf einen bestimmte Ausbildungs- oder Studienabschluss, einen akademischen Grad oder eine Auszeichnung verwiesen. Wer dies allerdings zu stark betreibt, macht sich bei anderen schnell unbeliebt und gilt als Streber. Diese Technik beinhaltet auch, sich tendenziell etwas positiver darzustellen – insbesondere dann, wenn davon auszugehen ist, dass der Kommunikationspartner die Fähigkeiten nicht genau einschätzen kann. Bewerbungssituationen sind ein typisches Beispiel für dieses Phänomen.

Eigenwerbung betreiben fördert ein leistungsstarkes und aufgabenorientiertes Image und passt daher zu Typ 1 „Der Leistungsträger" (Abbildung S. 19)

Im Kapitel 9.1 „Eigenwerbung im Berufsalltag" erfahren Sie, wie Sie diese Technik für sich vorteilhaft zum Einsatz bringen können.

- Sich über Kontakte aufwerten (basking in reflected glory)
  Bei dieser Technik wird die Verbindung oder Gemeinsamkeit mit einer einflussreichen, erfolgreichen oder prominenten Person hervorgehoben. Diese Vorgehensweise zielt darauf ab, sich damit selbst ein Stück weit aufzuwerten und von der positiven Aura der Persönlichkeit zu profitieren. Wenn Sie zum Beispiel erwähnen, in der gleichen Straße wie der bekannte Schauspieler ... zu wohnen, macht Sie das möglicherweise interessanter. Gemeinsamkeiten wie der gleiche Wohnort, Arbeitsplatz, Verein oder Besuch derselben Schule dienen häufig als Basis für die Verknüpfung. Der Verweis auf den persönlichen Kontakt zu einer wichtigen Person ist natürlich die wirkungsvollste Variante. Auch hier besteht die Gefahr, bei der Übertreibung dieser Technik als Angeber zu gelten.

Diese Technik kann sowohl dazu dienen, ein leistungsstarkes und aufgabenorientiertes Image, als auch ein sympathisches und beziehungsorientiertes Image zu unterstreichen. Dies hängt von der jeweiligen Person ab, zu der die Verknüpfung hergestellt wird.

In Kapitel 9.2 „Assoziationsstrategie“ zeige ich Ihnen auf, wie Sie diese Kenntnisse für sich nutzen können und was Sie vermeiden sollten, da das Prinzip auch bei Negativknüpfungen wirkt.

- **Beispielhaft erscheinen (exemplification)**
  Vorbildhaftigkeit wird gerne von Führungsfiguren zelebriert, sei es in Wirtschaft, Politik oder Religion. Wer alle Normen peinlich genau einhält und seine Rolle beispielhaft ausfüllt, verschafft sich dadurch eine gewisse Unantastbarkeit und Autorität. Dieses Saubermann-Image zielt darauf ab, sich vom Durchschnitt abzuheben, und ermöglicht es, leichter Kritik am Verhalten anderer zu üben. Wer diese Art der Selbstdarstellung praktiziert, darf sich allerdings keinerlei Verfehlungen erlauben, denn diese werden deutlich härter abgestraft. Wer als perfektes Vorbild gilt, signalisiert damit zwar höchste Ansprüche, doch wem die kleinen Fehler und Schwächen fehlen, der wird oftmals als weniger sympathisch wahrgenommen.

BEISPIELHAFT ERSCHEINEN FÖRDERT DAS LEISTUNGSSTARKE UND AUFGABENORIENTIERTES IMAGE UND UNTERSTREICHT TYP 1 „DER LEISTUNGSTRÄGER“ (ABBILDUNG S. 19)

- **Status und Prestige betonen**
  Nach außen getragene Statussymbole sollen die Zugehörigkeit zu einer bestimmten Gruppe oder das Bekenntnis zu einem bestimmten Lifestyle dokumentieren. Äußerlichkeiten wie Kleidung, Accessoires, Schmuck und Fortbewegungsmittel werden dabei gezielt ausgewählt, um eine bestimmte Wirkung zu erzeugen. Das Zurschaustellen eines hochwertigen Äußeren und materieller Ressourcen zielt darauf ab, als beruflich bzw. finanziell leistungsstark wahrgenommen zu werden.

STATUS UND PRESTIGE BETONEN TRÄGT ZU EINEM LEISTUNGSSTARKEN UND AUFGABENORIENTIERTEN IMAGE BEI UND UNTERSTREICHT TYP 1 „DER LEISTUNGSTRÄGER“ (ABBILDUNG S. 19)

In Kapitel 4 „Erfolgsfaktor äußeres Erscheinungsbild“ erfahren Sie, welche Wirkung Sie mit bestimmten Äußerlichkeiten konkret erzielen können.

- **Offenheit hervorkehren (self-disclosure)**
  Durch das Anvertrauen persönlicher Informationen wird dem Gegenüber Offenheit und Vertrauen demonstriert. Das moderate Preisgeben kleinerer Schwächen oder relativ intimer Dinge schafft schnell Sympathie. Übertreibung kann dagegen als plump empfunden werden. Wer offen auftritt und damit einen Vertrauensvorschuss vorlegt, wird nach dem Gesetz der Reziprozität mit einer Gegenleistung belohnt. Oft beginnt der Gesprächspartner dann auch aus dem Nähkästchen zu plaudern und wichtige Informationen preiszugeben.

OFFENHEIT HERVORKEHREN FÖRDERT EIN SYMPATHISCHES UND BEZIEHUNGSORIENTIERTES IMAGE.

- **Sich als unvollkommen darstellen (self-handicapping)**
  Auch bei dieser Strategie geht es um die Nutzung von Schwächen, die wie bereits erwähnt eine gewisse Sympathie erzeugen können. Personen, die unter hohem Erfolgsdruck stehen und einen Misserfolg nicht ausschließen können, weisen vorab gerne auf Schwächen, Handicaps oder körperliche Beschwerden hin. Beliebt ist dabei, sich beispielsweise vor einer wichtigen Klausur präventiv schon mal eine Prüfungsangst zuzulegen – zumindest nach außen hin. Ähnlich agiert so mancher Spitzensportler, der im Interview vor dem Wettkampf vorbeugend seine Verletzungen thematisiert. Diese Strategie hat zum Ziel, die Ursache für ein Versagen auf das Handicap abwälzen zu können und sich gleichzeitig das Mitgefühl und die Sympathie des Umfeldes zu sichern.

DIESE TECHNIK BEGÜNSTIGT EIN SYMPATHISCHES UND BEZIEHUNGSORIENTIERTES IMAGE UND UNTERSTREICHT DAMIT TYP 2 „DER SYMPATHISCHE“ (ABBILDUNG S. 19). EINEM LEISTUNGSSTARKEN UND AUFGABENORIENTIERTEN IMAGE KANN SIE JEDOCH SCHADEN.

- **Understatement**
  Mit dieser Technik verhält es sich beim Thema Eigenwerbung genau umgekehrt. Eigene Erfolge und Leistungen werden relativiert und als nichts Besonderes dargestellt. Die Untertreibung dient dazu, eine gewisse Bescheidenheit und Bodenhaftung zu demonstrieren. Wer es mit der Untertreibung jedoch übertreibt, läuft Gefahr, dass man ihm ein gesundes Maß an Selbstbewusstsein und Erfolgsorientierung abspricht.

UNDERSTATEMENT FÖRDERT EIN SYMPATHISCHES UND BEZIEHUNGSORIENTIERTES IMAGE UND UNTERSTREICHT DAMIT TYP 2 „DER SYMPATHISCHE“ (ABBILDUNG S. 19).

Dieser Überblick über die häufig beobachtbaren Impression-Management-Techniken soll Sie nicht dazu ermutigen, nun Ihr Umfeld mit einer vollkommen unzutreffenden Fassade zu täuschen. Er soll vielmehr sichtbar machen, welche Techniken viele Menschen bewusst, aber auch unbewusst, anwenden und damit ihre Außenwirkung beeinflussen.

→ Übung 4
„Eigenes Image“

1. *Beschreiben Sie kurz das von Ihnen angestrebte Image in einem bestimmten Lebensbereich (vorzugsweise im Beruf).*

2. *Notieren Sie, welche der in Abschnitt 2.3 dargestellten Impression-Management-Techniken Sie selbst anwenden und in welchen Situationen.*

3. *Bewerten Sie nun, welche der von Ihnen eingesetzten Impression-Management-Techniken hilfreich und welche eher hinderlich sind, um das von Ihnen gewünschte Image zu erreichen.*

→ Zusammenfassung

- Image ist, was andere Leute über Sie denken.
- Wer seine Außenwirkung aktiv gestalten will, muss sich zuerst fragen, welche er wo erreichen will. Im Berufsleben kann ein leistungsstarkes/aufgabenorientiertes Image nützlich sein, wogegen sich im privaten Umfeld ein sympathisches/beziehungsorientiertes Image meist als vorteilhafter erweist.
- Die Impression-Management-Theorie besagt, dass Menschen den Eindruck, den sie auf ihr Umfeld machen, steuern können.
- Taktisches Impression-Management zielt darauf ab, in einer bestimmten Situation eine bestimmte Wirkung zu erzielen (z.B. im Vorstellungsgespräch).
- Strategisches Impression-Management bedeutet, dass eine Person gezielt ein gewünschtes Image aufbaut. Hier werden bestimmte Verhaltensmuster situationsübergreifend und längerfristig praktiziert.
- Jede Person wendet bewusst oder unbewusst Impression-Management-Techniken an und beeinflusst damit ihre Außenwirkung.

3 Erfolgsfaktor Körpersprache: Überzeugen auf der nonverbalen Ebene

Die Körpersprache macht in Kombination mit dem äußeren Erscheinungsbild etwa 55 % Ihrer Wirkung aus und ist damit ein ganz wesentlicher Faktor Ihres persönlichen Auftritts. Sobald Sie mit anderen Menschen in Kontakt treten, spricht Ihr Körper zwangsläufig immer mit. Alles, was wir fühlen und denken, wird zum größten Teil von unserem Körper in Bewegungen oder eine bestimmte Körperhaltung umgesetzt.

Dieses so genannte nonverbale Verhalten ist kaum unterdrückbar und kann unserem Kommunikationspartner sehr viel über unsere Einstellung und unsere Absichten offenbaren. Bei vielen Menschen lassen sich Gefühlszustände wie Freude, Entspannung, Wut, Angst oder Trauer relativ gut anhand der Körpersprache einschätzen, ohne dass Worte gewechselt werden müssten.

Dennoch können wir bei der Interpretation nonverbaler Signale auch weit danebenliegen. Dies hat damit zu tun, dass Körpersprache bei jedem Menschen anders wirkt und nicht jedes Einzelmerkmal eine tiefere Bedeutung haben muss.

KÖRPERSPRACHE ERHÄLT ERST DURCH DIE BETRACHTUNG DER GANZEN PERSON IN VERBINDUNG MIT EINEM KONKRETEN SITUATIONSVERLAUF AUSSAGEFÄHIGKEIT.

Seien Sie daher vorsichtig mit Ratgebern zu diesem Thema, die eine ganz bestimmte Übersetzung jeder einzelnen Stirnfalte und Fingerbewegung glaubhaft machen wollen. Die verschränkten Arme eines Zuhörers während eines Vortrages müssen nicht zwangsläufig auf Abwehr hindeuten, sondern könnten z.B. mit Bequemlichkeit zu tun haben oder Reaktion eines Fröstelns sein.

Ein großer Teil der körpersprachlichen Signale wird automatisch und unbewusst erzeugt.

> Deutlich wird dies, wenn Sie Personen beim Telefonieren beobachten, also einer Situation, in der der visuelle Kanal nicht zur Verfügung steht. Selbst bei Telefonaten wird je nach Thema und Stimmung eine entsprechende Körperhaltung eingenommen, mit einem bestimmten Gesichtsausdruck gesprochen und eventuell sogar lebhaft gestikuliert.

Das heißt aber nicht, dass sich die Körpersprache der bewussten Beeinflussung komplett entzieht – durch gezieltes Wahrnehmen, Beobachten und Bewusstmachen lassen sich die eigenen nonverbalen Signale sogar recht gut steuern.

In diesem Kapitel werden die körpersprachlichen Kategorien Mimik, Gestik, Haltung und Gang näher betrachtet.

3.1 Mimik

Wenn wir einen Menschen treffen, zielt unser erster Blick meistens in sein Gesicht. Gerade bei Personen, die uns neu vorgestellt werden, prägt sich dieser Gesichtsausdruck als einer der ersten Eindrücke bei uns ein.

Grundsätzlich gilt: Von einem freundlichen Gesicht schließt man schnell auf einen freundlichen, wohlwollenden Menschen und ein Lächeln gilt in allen Kulturkreisen als positives, freundliches Signal; wohingegen nach unten gehende Mundwinkel als Müdigkeit, Trauer oder Kraftlosigkeit interpretiert werden.

Den meisten Menschen ist diese Wirkung bekannt. Erstaunlich ist jedoch, dass viele Menschen von sich selbst annehmen, mit ihrem neutralen Gesichtsdruck würden sie auf andere Menschen freundlich wirken. Oft ist das Gegenteil der Fall. Der von einem selbst als neutral eingeschätzte Gesichtsausdruck wirkt auf andere eher ernst oder missmutig. Selbstbild und Fremdbild liegen bei der Einschätzung des Gesichtsausdruckes häufig weit auseinander.

→ ***Praxis*tipp**

Nehmen Sie sich vor, künftig beim Kontakt mit anderen Personen bewusst auf ein freundliches Lächeln zu achten, z. B. wenn Sie jemanden begrüßen, zu Beginn einer Präsentation oder selbst beim Einkauf im Supermarkt. Der Alltag bietet dafür unerschöpfliche Übungsmöglichkeiten, die Sie sofort nutzen können.

Natürlich ist es nicht angemessen, in jeder Situation zu lächeln oder ständig mit einem breiten Grinsen durch die Gegend zu laufen. Wie jedes übertrieben eingesetzte körpersprachliche Signal kann auch dies negativ wirken. Die Gefahr der Übertreibung besteht jedoch beim Lächeln bei den Wenigsten, denn die meisten Menschen hierzulande lächeln eher zu wenig als zu viel.

Achten Sie auf die Gegenreaktion: Kaum jemand kommt umhin, ein Lächeln zu erwidern. Es entsteht eine positive Atmosphäre. Dies zeigt, dass Sie mit körpersprachlichen Signalen unmittelbar Ihre Umwelt beeinflussen und eine positive Außenwirkung erzeugen können. „Ein Lächeln steigert den Wert Ihres Gesichtes“: Diese Inschrift, die die Außenfassade einer Londoner Boutique ziert, bringt es gut auf den Punkt.

Bei der „Wertsteigerung Ihres Gesichtes“ spielen neben einer freundlichen Mundpartie ebenso Ihre Augen eine große Rolle. In manchen Kulturen werden die Augen sogar als „Fenster zur Seele“ bezeichnet.

Die Blickrichtung eines Menschen gibt uns Aufschluss darüber, worauf gerade seine Aufmerksamkeit gerichtet ist. Stellen Sie sich einen Gesprächspartner vor, dessen Blicke überall im Raum umherschweifen, während Sie sich unterhalten. Das wird vermutlich bei Ihnen den Eindruck erwecken, dieser Gesprächspartner sei an allem Möglichen interessiert, nur gerade nicht an Ihnen und Ihrer Unterhaltung.

Den Blickkontakt im Gespräch zu halten, ist also nicht nur ein Gebot der Höflichkeit, sondern Sie erzeugen dadurch auch die Wirkung von Interesse, Aufmerksamkeit und Verbindlichkeit. Fehlender Blickkontakt oder ein ausweichender Blick signalisieren dagegen eher Unsicherheit, Schüchternheit oder Desinteresse.

Selbstverständlich kommt es auch beim Blickkontakt auf die richtige Dosierung an. Von jemandem ununterbrochen angestarrt zu werden, kann als sehr unangenehm empfunden werden. Bei längeren Gesprächen ist es daher günstig, den Blickkontakt immer wieder kurz zu unterbrechen.

Eine freundliche, wohlwollende Mimik entsteht sowohl über die Mundpartie als auch durch die Augen. Lächeln Sie nicht nur mit dem Mund, sondern auch mit Ihren Augen!

Das ist ganz einfach und passiert automatisch, wenn Sie Ihrem Kommunikationspartner mit einer freundlichen, positiven und wertschätzenden inneren Einstellung gegenübertreten. Dadurch unterscheidet sich dann auch ein freundliches authentisches Gesicht von einem maskenhaft aufgesetzten Lächeln ohne die erforderliche innere Überzeugung.

→ Übung 5
„Mimik interpretieren"

? *Für diese Übung benötigen Sie einen Spiegel oder/und einen Übungspartner. Wenn Sie die Übung alleine vor dem Spiegel durchführen, dann platzieren Sie sich zunächst so, dass Sie sich noch nicht im Spiegel sehen können. Stellen Sie sich nun eine Situation vor, in der Sie begeistert sind und versuchen Sie dies über Ihre Mimik zum Ausdruck zu bringen. Am einfachsten ist es, wenn Sie sich dabei an ein reales Erlebnis zurückerinnern. Überprüfen Sie dann im Spiegel, wie Ihre Mimik auf Sie selbst wirkt. Würden Sie anhand des Gesichtsausdrucks tatsächlich Begeisterung erkennen?*

Falls Ihnen ein Übungspartner zur Verfügung steht, dann lassen Sie ihn raten, welches Gefühl Sie durch Ihre Mimik gerade zum Ausdruck bringen.

Versetzten Sie sich in folgende Zustände und versuchen Sie diese über Ihren Gesichtsausdruck sichtbar zu machen:

- *Wut*
- *Erstaunen*
- *Skepsis*
- *Entspannung*
- *Trauer*
- *Ausgelassenheit*
- *Angst*
- *Genugtuung*
- *Positive Erwartungshaltung*

3.2 Gestik

Gestik bezeichnet den Einsatz unserer Hände und Arme in der Kommunikation. Ohne überhaupt von der verbalen Sprache Gebrauch zu machen, können alleine über Gesten viele Informationen übermittelt werden.

> Denken Sie einmal daran, wie Sie jemanden in eine Parklücke einweisen oder mit welchen Handbewegungen Sie die Bedienung im Lokal darauf aufmerksam machen können, dass Sie die Rechnung möchten. Machen Sie sich auch bewusst, welche starke (negative) Wirkung von Beleidigungsgesten ausgeht.

Grundsätzlich wird beim Gestikulieren als positiv wahrgenommen:

- Sichtbare nach oben zeigende Handflächen: Dadurch erhalten die Gesten einen einladenden Charakter. Offenheit und Vertrauen werden signalisiert. Denn wer die Handflächen offen zeigt, hat nichts zu verbergen.
- Einsatz der ganzen Hand: Das Gestikulieren mit dem ausgestreckten Zeigefinger wird oft als Drohgeste empfunden, wogegen die komplette Hand unverfänglicher wirkt. Besonders wenn Sie direkt auf eine Person deuten, sollten Sie immer die ganze Hand statt den Zeigefinger einsetzen.
- Gesten auf Höhe des „neutralen“ Oberkörpers: Ihre Gesten sollten sich auf Höhe des Oberkörpers – also etwa zwischen Kehlkopf und Bauchnabel – abspie-

len. Bewegungen außerhalb dieses Bereichs können unangenehm und unbeholfen wirken. Die Blicke Ihrer Zuhörer werden außerdem dorthin gezogen, wo sich Ihre Hände gerade befinden.

- Bewegungen innerhalb eines angemessenen Radius: Beschränken Sie sich beim Gestikulieren etwa auf einen Radius von 40 cm um Ihren Körper herum. Natürlich können Sie, um Dinge ganz besonders hervor- zuheben, auch einmal größere Bewegungen machen (beachten Sie hierbei aber eine angemessene Distanz zu Ihrem Gegenüber). Wenn Sie ständig sehr ausladend und weit gestikulieren, erzeugt es eher eine übertriebene, aufgesetzte Wirkung.

Vermeiden Sie beim Gestikulieren folgende Bewegungen, da sie störend oder unangenehm erscheinen:

- Verlegenheitsgesten: Besonders verbreitet sind dabei das Berühren von Gesicht, Hals oder Frisur bzw. Zupfen an der eigenen Kleidung.
- Schnelles und übertriebenes Gestikulieren: Hektische und weitschweifende Bewegungen lenken von Ihren eigentlichen Botschaften ab und stellen womöglich Ihre Glaubwürdigkeit in Frage.

Gesten drücken sehr viel von unserer Überzeugung, unserem Engagement und unserer Leidenschaft aus. Je nach Anlass und Ziel eines Gesprächs verwenden wir mehr oder weniger davon.

> Wenn Sie einen Nachrichtensprecher im Fernsehen beobachten, werden Sie dabei kaum Gesten entdecken. Hier geht es um die rein sachliche Übermittlung von Informationen. Wenn Sie dagegen eine hitzige Diskussionsrunde zu einem aktuellen Thema verfolgen, stellen Sie fest, dass hier die Hände stark zum Einsatz kommen. Ziel ist es hier, von der eigenen Position zu überzeugen.

Von der eigenen Position überzeugen – darum geht es letztendlich auch in den meisten beruflichen Gesprächen, denken Sie nur an Bewerbungs-, Mitarbeiter-, Verkaufs- und Verhandlungsgespräche. Untersuchungen zeigen, dass sich selbst bei der Vermittlung nüchterner Sachinformationen sinnvolle Gesten günstig auf die Informationsaufnahme auswirken.

Und wer sind die erfolgreichsten Verkäufer? Auch hierzu gibt es Studien: Wenn Argumente mit der entsprechenden Gestik untermalt werden, gelten Personen am glaubwürdigsten. Achten Sie also bei Ihrer „Überzeugungsarbeit" darauf, dass Ihre Bewegungen offen und positiv wirken und zu Ihren Aussagen passen, damit Ihr Auftritt stimmig wirkt. Schauspieler werden darauf getrimmt. Wussten Sie schon, dass Ex-Schauspieler Ronald Reagan als einer der bisher glaubwürdigsten US-Präsidenten gilt?

→ Übung 6
„Gestik einfließen lassen"

Führen Sie diese Übung idealerweiser mithilfe eines Camcorders durch. Notfalls können Sie aber auch mit einem großen Spiegel arbeiten oder einen Übungspartner bitten, Sie zu beobachten. Lesen Sie sich den folgenden Text, der aus einer Rede von Martin Luther King stammt, zunächst einmal leise durch und tragen Sie ihn dann in zwei unterschiedlichen Varianten vor. Vergleichen Sie danach die unterschiedliche Wirkung der beiden Reden.

Variante 1: mit Gestik: Binden Sie die Hände in den Gesprächsfluss mit ein, lassen Sie natürliche Gesten zu und setzen Sie Gesten zur Verdeutlichung bestimmter Punkte ruhig gezielt ein.

Variante 2: ohne Gestik: Unterbinden Sie jegliche Gestik, indem Sie Ihre Hände während des Vortrags hinter dem Rücken verschränken.

„Ich bin mir dessen bewusst, dass einige von Euch hierher aus großen problematischen und widerwärtigen Situationen gekommen sind. Einige von Euch kommen gerade aus engen Gefängniszellen. Einige von Euch kommen aus Gegenden, wo Eure Suche nach Freiheit Euch den Stürmen der Verfolgung und Misshandlung ausgesetzt hat; wo Euch die Winde der Polizeibrutalität zum Schwanken gebracht hat. Ihr wart die Veteranen kreativen Leidens. Arbeitet weiter in dem Glauben, dass unverdientes Leiden erlösend ist.

Geht zurück nach Mississippi! Geht zurück nach Alabama! Geht zurück nach Georgia! Geht zurück nach Louisiana! Kehrt zurück zu den Slums und Ghettos unserer nördlichen Städte, wohlwissend, dass die Situation irgendwie geändert werden kann und wird. Lasst uns nicht im Tal der Verzweiflung harren.

Ich sage Euch heute, meine Freunde, dass trotz aller aktuellen Schwierigkeiten und trotz allem Frust, ich immer noch einen Traum habe. Es ist ein Traum, tief verwurzelt im amerikanischen Traum.

Ich habe einen Traum, dass diese Nation sich eines Tages erheben wird und der wahren Bedeutung ihres Credos: „Wir halten diese Wahrheiten als offensichtlich, dass alle Menschen gleich geschaffen sind." gerecht wird.

Ich habe einen Traum, dass eines Tages die Söhne von früheren Sklaven und die Söhne von früheren Sklavenbesitzern auf den roten Hügeln von Georgia sich am Tisch der Bruderschaft gemeinsam niedersetzen können.

> *Ich habe einen Traum, dass eines Tages sogar der Staat Mississippi, ein Wüstenstaat, der in der Hitze der Ungerechtigkeit und Unterdrückung schmort, zu einer Oase der Freiheit und Gerechtigkeit verwandelt wird.*
>
> *Ich habe einen Traum, dass meine vier kleinen Kinder eines Tages in einer Nation leben werden, in der sie nicht an der Farbe ihrer Haut, sondern am Wesen ihres Charakters beurteilt werden.*
>
> *Ich habe einen Traum heute!"*
>
> Auszug aus der Ansprache „I Have a Dream" von Martin Luther King am 28.08.1963. Übersetzt ins Deutsche „Ich habe einen Traum".

3.3 Körperhaltung

Die Körperhaltung eines Menschen wird oft als Ausdruck der inneren Haltung verstanden. Menschen mit herabhängenden Schultern und nach unten gesenktem Kopf schreibt man Niedergeschlagenheit, Demotivation oder auch Schüchternheit zu. Eine positivere Außenwirkung erzielen Sie dagegen, wenn Sie durch eine aufrechte Haltung als selbstbewusst, souverän und offen wahrgenommen werden.

Mit folgenden Punkten können Sie bei Präsentationen eine vorteilhafte Grundhaltung und Ausgangsposition erreichen:

- Fester Stand: Nehmen Sie gerade zu Beginn eine ruhige Position ein, bei der beide Füße etwa in schulterbreitem Abstand fest am Boden stehen. Vermeiden Sie häufigen Standbeinwechsel, Auf-und-ab-Laufen oder sonstige Bewegungen mit den Füßen – dies sind Anzeichen für Nervosität und Unsicherheit. Bei längeren Präsentationen dagegen ist es durchaus angemessen, nach einigen Minuten immer wieder das Standbein zu wechseln oder eine andere Position einzunehmen.
- Aufrechter Oberkörper: Wenn Sie Ihren Oberkörper aufrecht und gerade halten, signalisiert dies Selbstbewusstsein. Diese Haltung erleichtert Ihnen auch die richtige Atmung zum Sprechen und ermöglicht Ihnen den Blickkontakt zu Ihrem Publikum. Um eine aufrechte Haltung einzunehmen, hilft es, wenn Sie sich vorstellen, Ihr Körper wäre eine Marionette und ganz oben auf Ihrem Kopf wäre ein Faden befestigt, der Sie ganz leicht nach oben zieht. Natürlich sind Sie es, der die Fäden in der Hand hält!
- Offene Haltung der Arme: Zu Beginn bieten sich zwei Grundstellungen für Ihre Armhaltung an: Bei der ersten Möglichkeit halten Sie beide Arme leicht angewinkelt vor dem Oberkörper, sodass sich die Hände etwa auf Höhe des Bauchnabels befinden. Dabei können sich die Finger der beiden Hände locker berühren, ohne dass sich dabei die Hände festhalten. Zweite Möglichkeit: Nur eine

Hand befindet sich vor dem Oberkörper auf Höhe des Bauchnabels, die andere Hand hängt seitlich locker herab. Beide Grundstellungen bieten sowohl die Möglichkeit etwas in der Hand zu halten (Moderationskarte, Mikrofon, Stift) als auch die Hände gleich zum Gestikulieren einzusetzen.

- Dem Publikum zugewandt: Positionieren Sie sich so, dass Sie von allen Anwesenden gut gesehen werden und möglichst zu allen Blickkontakt herstellen können. Dies sind wichtige Grundvoraussetzungen für einen guten Kontakt zu den Zuhörern. Vermeiden Sie es, sich hinter eine Barriere (z.B. Tisch oder Rednerpult) zu stellen. Sie wirken offener und souveräner, wenn Sie frei im Raum stehen. Achten Sie darauf, dass Sie nicht nur mit Ihrem Oberkörper und Gesicht zum Publikum ausgerichtet sind, sondern dass auch die Fuß- und Beinstellung Zuwendung signalisiert.

Vermeiden Sie bei Ihrer Ausgangshaltung Folgendes:

- vor dem Oberkörper verschränkte Hände
- Hände hinter dem Rücken
- Hände in den Hosentaschen
- in die Hüfte gestemmte Hände
- Festklammern an Gegenständen (z.B. Rednerpult, Manuskript)

Die Körperhaltung ist bei Vorträgen und Präsentationen ein besonders wichtiges Kriterium, da sie selbst aus der hintersten Reihe noch wahrgenommen wird. Auch selbst wenn Ihr Gesichtsausdruck schon gar nicht mehr erkennbar ist.

IHRE INNERE HALTUNG ÜBERTRÄGT SICH IMMER AUF IHRE ÄUSSERE KÖRPERHALTUNG.

Der wichtigste Schritt zu einer guten Haltung besteht darin, eine positive innere Einstellung herzustellen. Freuen Sie sich auf das Gespräch oder Ereignis, machen Sie sich bewusst, welche Wirkung Sie hinterlassen wollen. Stellen Sie sich eine Person vor, die sich aus Ihrer Sicht souverän, offen und positiv anfühlt, und versetzen Sie sich selbst in diesen positiven Zustand.

→ Übung 7

Stellen Sie sich vor den Spiegel, achten Sie zuerst auf eine positive innere Einstellung (falls es Ihnen leichter fällt, schließen Sie hierbei die Augen) und nehmen Sie eine souveräne, offene Körperhaltung ein. (Öffnen Sie Ihre Augen.) Achten Sie auf einen festen, etwa schulterbreiten Stand, auf einen geraden Oberkörper und eine offene und angenehme Haltung Ihrer Arme. Stellen Sie sich dabei vor, Sie würden wie eine Marionette an einem Faden ganz sanft nach oben gezogen.

Viele Kommunikationssituationen spielen sich im Sitzen ab, z.B. Meetings, Vorstellungsgespräche, Geschäftsessen oder Verhandlungen. Auch hier gilt: Ihre Körperhaltung – hier die Sitzhaltung und -position – kann als Spiegel Ihrer inneren Haltung wahrgenommen werden.

Bei einer Sitzhaltung, die Offenheit, Engagement und Souveränität verkörpert, gibt es Parallelen zur stehenden Körperhaltung. Auch eine stabile Sitzhaltung beginnt mit den Füßen, beide Füße sollten dabei in hüftbreitem Abstand auf dem Boden stehen. Nehmen Sie die ganze Sitzfläche in Anspruch, ohne dabei Ihren Oberkörper nach hinten in die Rückenlehne zu pressen.

Ein aufrechter, ganz leicht nach vorne orientierter Oberkörper signalisiert Aufmerksamkeit und Aktivität. Richten Sie Ihre Sitzposition und Ihren Oberkörper so aus, dass Sie Ihren Gesprächspartnern zugewandt sind.

➜ ***Praxis*tipp**

Achten Sie bei Zweiergesprächen darauf, dass Sie Ihrem Gesprächspartner nicht frontal gegenübersitzen. Dies kann körpersprachlich konfrontativ wirken. Eine Sitzposition im 45°–90°-Winkel wird von beiden Beteiligten in der Regel als deutlich angenehmer empfunden.

Günstige und ungünstige Sitzposition im Zweiergespräch

Wenn vor Ihnen ein Besprechungstisch steht, sollten sich Ihre Hände immer oberhalb der Tischplatte befinden. Sitzen Sie ohne Tisch, können Sie Ihre Unterarme bzw. Hände locker auf den Armlehnen oder auf Ihren Oberschenkeln ablegen.

Diese Sitzhaltung beschreibt eine Grundposition, die am Anfang eines Gespräches günstig ist und in die Sie im Verlauf immer wieder zurückkehren können. Das heißt aber nicht, dass Sie ständig wie festgewurzelt in dieser Position verharren müssen. Lassen Sie selbstverständlich im Gespräch Bewegungen und Gestik einfließen und ändern Sie Ihre Sitzhaltung dabei dynamisch. Bei einem neuen Gesprächsthema kann es auch sinnvoll sein, die Körperposition und Sitzhaltung neu auszurichten.

Auch der Faktor Bequemlichkeit wird natürlich Ihre Sitzhaltung beeinflussen. Manchmal ist es einfach angenehmer, sich kurzzeitig weit zurückzulehnen, die Füße vom Boden zu lösen oder die Beine übereinanderzuschlagen:

- Wenig Bodenkontakt, nach hinten angewinkelte oder um die Stuhlbeine gewundene Füße sowie Sitzen auf der Stuhlkante können je nach Ausprägung jedoch auch Unsicherheit, Unwohlsein oder Anspannung zum Ausdruck bringen.
- Wohingegen ein zurückgelehnter Oberkörper, weit nach vorne gestreckte oder übereinandergeschlagene Beine schon ziemlich leger, entspannt oder selbstgefällig wirken können.

Verharren Sie deshalb nicht zu lange in solchen Haltungen und versuchen Sie immer wieder in die ausgeglichene, stabile Grundhaltung zurückkehren.

3.4 Gang

Neben der Körperhaltung ist auch der Gang eines Menschen schon auf große Distanz erkennbar. Bereits auf 100 Meter Entfernung wird ein erster Eindruck erzeugt, und Sie werden einer Person unwillkürlich erste Eigenschaften zuschreiben.

- Jemanden, der sich mit nach vorne gebeugtem Oberkörper behäbigen, langsamen Schritten fortbewegt, werden Sie wahrscheinlich für müde, gleichgültig, unmotiviert oder wenig energisch halten.
- Dagegen werden Menschen mit einem zügigen Gang, großen Schritten und einer aufrechten Haltung Eigenschaften wie Selbstbewusstsein, Dynamik oder Leistungsstärke zugeschrieben.
- Personen mit einem ruhigen, langsamen Gang und aufrechter Haltung wirken vornehm, erhaben oder strahlen Autorität aus.

Der Gang ist eines unserer körpersprachlichen Merkmale, welches als relativ schwer veränderbar gilt. Versuchen Sie sich daher nicht auf Biegen und Brechen einen bestimmten Gang anzutrainieren. Dies wirkt gekünstelt und nicht mehr authentisch.

Arbeiten Sie zuerst an Ihrer Einstellung! Trainieren Sie Ihre innere Haltung, mit der Sie auftreten möchten. Eine positive innere Einstellung wird sich nahezu automatisch auf Ihre äußerliche Haltung und Ihren Gang übertragen. Mit begleitenden körperlichen Übungen lässt sich dieser Prozess dann sinnvoll unterstützen.

Die folgende Übung ist dafür geeignet, die Haltung des Kopfes und des Oberkörpers für einen geraden Gang zu verbessern.

→ Übung 8

Stellen Sie sich vor den Spiegel und legen Sie sich ein Buch (etwa DIN-A4-Format und nicht zu dick) auf den Kopf. Gehen Sie nun einige Meter und balancieren Sie das Buch mit Ihrem Kopf aus, Sie dürfen es nicht mit den Händen festhalten. Allein mit einer geraden Kopf- und Oberkörperhaltung wird es Ihnen gelingen, das Buch in der Waage zu halten.

→ Zusammenfassung

- ✓ Die Körpersprache ist ein wesentlicher Faktor bei der Entstehung der persönlichen Wirkung.
- ✓ Zur Körpersprache zählen die Mimik, die Gestik, die Haltung und der Gang.
- ✓ Ein freundlicher Gesichtsausdruck kommt nicht nur am besten an, sondern überträgt sich oft auch direkt auf den Gesprächspartner.
- ✓ Mit gut dosiertem Blickkontakt signalisieren Sie Interesse, Aufmerksamkeit und Verbindlichkeit.
- ✓ Der angemessene Einsatz von Händen und Armen macht Kommunikation lebendig. Aussagen, die mit entsprechenden Gesten untermalt werden, werden als glaubwürdig angenommen.
- ✓ Eine aufrechte und offene Haltung zeigt Ihrem Gegenüber Interesse und Gesprächsbereitschaft.
- ✓ Zügiger Gang in aufrechter Haltung unterstützt ein dynamisches Image. Langsames Schreiten mit gehobenem Kopf verleiht Erhabenheit oder Autorität. Ein schwerfälliger Gang wird mit Müdigkeit, Gleichgültigkeit oder Behäbigkeit übersetzt.
- ✓ Einstellungen, Gefühle und Gedanken übertragen sich – häufig automatisch – auf alle Elemente der Körpersprache. Gezieltes Beobachten, Wahrnehmen, Bewusstmachen und Üben führen zu einer besseren Steuerung und Kontrolle der eigenen körpersprachlichen Signale.
- ✓ Oft ist es hilfreich, zunächst an der inneren Einstellung zu arbeiten, um eine bessere äußere Darstellung zu erreichen.

4 Erfolgsfaktor äußeres Erscheinungsbild

Das äußere Erscheinungsbild wird ebenso wie die körpersprachlichen Merkmale optisch wahrgenommen und beeinflusst maßgeblich den Eindruck, der von einem Menschen entsteht. Zahlreiche Untersuchungen belegen, dass Menschen mit einem ansprechenden Äußeren mehr erreichen. In einem Versuch wurden Passanten auf der Straße von einem Fremden gebeten, ihm Kleingeld zum Telefonieren zu geben: Trug die fremde Person dabei einen schicken Anzug, war sie mit ihrem Anliegen bei den Passanten deutlich erfolgreicher als mit einem sehr legeren Outfit.

4.1 Kleidung

4.1.1 Kleider machen Leute

Das Sprichwort „Kleider machen Leute“ drückt die starke Wirkung von Äußerlichkeiten aus, und kaum jemand kann sich diesem Einfluss entziehen. Nicht nur Menschen mit ehrenwerten Absichten machen davon Gebrauch, auch erfolgreiche Trickbetrüger, Heiratsschwindler und Hochstapler sind sich der immensen Wirkung dieses Effektes bewusst und setzen ihn ganz gezielt ein.

Anhand der Kleidung eines Menschen treffen wir sehr schnell Schlussfolgerungen über die Zugehörigkeit zu einer bestimmten Gruppe. So ereignen sich im Alltag immer wieder amüsante Begebenheiten, die sowohl auf den ersten Eindruck als auch den Effekt der Stereotypisierung zurückzuführen sind.

- Ein etwas nachlässig gekleideter Schulleiter wurde beispielsweise einmal von einem Besucher der Schule prompt für den Hausmeister gehalten.
- Ein Mann, der mit zerschlissenen Jeans im Autohaus für Luxuskarossen auftauchte, wurde freundlich gebeten das Haus zu verlassen. Danach stellte sich heraus, es handelte sich um einen sehr wohlhabenden Unternehmer.

Kleidung ist in unserem Kulturkreis außerdem einer der wichtigsten Indikatoren für Kompetenz und Vertrauenswürdigkeit.

Aber auch wenn im Kleingeldversuch der Anzugträger besser abschnitt, heißt das nicht, dass ein elegantes Outfit immer die beste Wahl ist. Ein Anzug gilt sicher im Businessbereich als Kompetenzindikator, aber stellen Sie sich bitte einmal den Installateur, den Chirurgen, den Fitnesstrainer oder den Restaurator mit Anzug und Krawatte bei der Arbeit vor. Dieses Outfit würde bei diesen Berufsgruppen eher ein Bild von Inkompetenz und Unstimmigkeit erzeugen.

KLEIDUNG WIRKT ALSO NUR ALS POSITIVER VERSTÄRKER, WENN SIE EINERSEITS ZUM ANLASS UND UMFELD UND ANDERERSEITS AUCH NOCH ZUR ERWARTUNGSHALTUNG UNSERES GEGENÜBERS PASST.

> Die Fernsehwerbung arbeitet ganz gezielt mit dem äußren Erscheinungsbild, wenn es darum geht, uns Kompetenz und Expertentum zu signalisieren. Der Fachmann für Kalkschäden an der Waschmaschine trägt den blauen Kittel, der Experte für Zahnbürsten den weißen Kittel und der nette Versicherungsvertreter den dunkelgrauen Anzug.

Politiker stellen sich im Wahlkampf auch gerne mal hemdsärmlig und ohne Anzug und Krawatte dar. Dabei handelt es sich keineswegs um eine Nachlässigkeit, denn anstatt Expertentum zu signalisieren, ist es manchmal wichtiger, sich zupackend und entschlossen zu zeigen. Vielleicht erinnern Sie sich noch daran, wie ein deutscher Bundeskanzler bei einer Hochwasserkatastrophe in Gummistiefeln und olivgrüner Regenjacke durch die überfluteten Straßen watete. In diesem Moment erreichte er damit sicher eine positivere Signalwirkung, als er sie im Nadelstreifenanzug erzielt hätte.

Bei der Zusammenstellung Ihrer Garderobe sollten Sie sich daher immer folgende Fragen stellen:

- Welche Wirkung möchte ich erzielen?
- Welches Outfit ist zu diesem speziellen Anlass angemessen?
- Was sind die speziellen Kompetenzindikatoren meines Umfeldes bzw. meines Berufsstandes?

4.1.2 Das klassische Businessoutfit

Je nach Tätigkeit und Branche gibt es unterschiedliche Erwartungen an das Äußere. Ich möchte Ihnen in diesem Abschnitt Empfehlungen geben, mit welcher Garderobe Sie im Businessbereich einen kompetenten Eindruck hinterlassen, und Ihnen kurz den klassischen Business-Dresscode vorstellen:

	Dame	Herr
Oberbekleidung	→ Kostüm mit Rock (Rocklänge: Knie muss bedeckt sein) oder Hosenanzug → Bluse	→ Anzug → Hemd → Krawatte
	Im Stehen sollten die Knöpfe des Jacketts oder Blazers immer geschlossen sein, bis auf den untersten Knopf	

	(Ausnahme: ohne Krawatte bleibt das Jackett bei ihm geöffnet)	
Klassische Businessfarben für Anzug bzw. Kostüm	dunkelblau, grau, braun; evtl. auch schwarz sowie andere dezente Farben	dunkelblau, grau, braun; schwarz eher zu besonderen Anlässen
Schuhe	dunkle Lederschuhe, max. 6 cm hoch, vorne immer geschlossen, keine Plateausohle	Lederschuhe in Schwarz, evtl. auch in Braun
Strümpfe	Seidenstrümpfe passend zur Farbe des Kostüms oder der Hose	Kniestrümpfe oder lange Businesssocken, einfarbig in der Farbe der Hose oder Schuhe
	Hosen- und Strumpflänge sollten so aufeinander abgestimmt sein, dass Wade und Schienbein auch sitzend immer komplett bedeckt bleiben	

Der klassische Business-Dresscode

→ ***Praxis*tipp**

Seien Sie bei Ihren Schuhen besonders penibel. Beim Zusammentreffen mit einem Gesprächspartner geht der Blick tatsächlich oft von oben nach unten. Der abschließende Eindruck über Ihr Erscheinungsbild entsteht also beim Blick auf Ihre Schuhe.

Ungeputzte oder abgetragene Schuhe deuten auf Nachlässigkeit hin, eine unvorteilhafte Eigenschaft, die dem Träger dann nicht nur in Verbindung mit seinen Schuhen zugeschrieben wird.

Der klassische Business-Dresscode gilt für die konservativeren Branchen. Wenn Sie nicht sicher sind, wie sich kleiden sollen, weil Sie das Umfeld noch nicht einschätzen können, z.B. beim Vorstellungsgespräch, Neukundentermin oder Verhandlungsgespräch, ist es empfehlenswert, sich an der klassischen Variante zu orientieren. Overdressed zu erscheinen ist meistens unkritisch, wohingegen Sie underdressed bestimmt nachhaltig in Erinnerung bleiben – und zwar in negativer.

4.1.3 Accessoires

Die Wirkung von Accessoires sollte nicht unterschätzt werden, denn gerade mit diesen Kleinigkeiten lässt sich ein bestimmter Stil noch hervorheben.

- Status und Wohlstand kommen oft durch hochwertige Accessoires wie teure Uhren, Schmuckstücke oder Handtaschen zum Ausdruck.
- Brillen beispielsweise gelten als intellektuelles Merkmal und Brillenträger werden in der Regel tatsächlich als intelligenter eingeschätzt.
- Die Verwendung eines hochwertigen Stiftes bei einer Vertragsunterzeichnung signalisiert Seriosität und Vertrauenswürdigkeit.

Accessoires bieten also eine gute Möglichkeit, eine gewünschte Wirkung noch zu verstärken und den persönlichen Stil zu unterstreichen.

Insgesamt ist jedoch sparsamer Einsatz empfehlenswert.

Sie wollen als Person durch Ihre Botschaft und Ideen, nicht durch Ihre Schmuckstücke in Erinnerung bleiben.

→ ***Praxis**tipp*

Sie sollten nicht mehr als fünf Accessoires kombinieren und bei der Auswahl darauf achten, dass einzelne Stücke nicht zu auffällig sind. Denn durch sehr markante Accessoires, wie z.B. sehr große Ohrringe, Amulette oder eine extravagante Brille, besteht die Gefahr, dass Ihr Gesprächspartner stark abgelenkt wird.

	Dame	Herr
Armbanduhr	Uhr mit Metallgehäuse und Leder- oder Metallarmband	
		gilt beim Herren als zentrales Accessoire, daher lieber schlicht und nicht zu groß, soll noch unter die Hemdmanschette passen
Brille	zeitgemäßes Modell (Tipp: Immer auf die Sauberkeit der Gläser achten!)	
Gürtel	Ledergürtel in der gleichen Farbe wie Schuhe und Tasche	
Krawatte		Seidenkrawatte, farblich abgestimmt auf Anzug und Hemd, mit ordentlichem Knoten; keine Fliege oder Halstuch bei geschäftlichen Anlässen

Manschettenknöpfe		nur zu Hemden mit Doppelmanschette, müssen nicht auf die Armbanduhr abgestimmt sein (=> können als Status- oder Wohlstandssymbol interpretiert werden)
Schmuck	z.B. Ringe, Halskette, Armband, Ohrringe, Brosche (Tipp: nicht zu groß und auffällig)	Ring (max. 1 Ring pro Hand) keine Ketten, Armkettchen, Ohrringe oder sonstigen Schmuck
	keine sichtbaren Piercings	
Stift	hochwertiger Kugelschreiber oder Füller (=> können ein sehr hochwertiges, eher konservatives Image verstärken)	
Tasche	Handtasche (oder Aktenmappe) in der gleichen Farbe wie Schuhe und Gürtel	Aktenmappe oder Aktenkoffer
Tuch	evtl. Halstuch als Alternative zu einer Halskette, farblich abgestimmt auf die anderen Kleidungsstücke	evtl. Einstecktuch zum Jackett, immer einfarbig, entweder in der Farbe des Hemdes oder einer Farbe, die in der Krawatte enthalten ist (=> wirkt elegant, festlich, konservativ)

Übersicht über mögliche Accessoires bei Damen und Herren

4.1.4 Kombination von Farben und Mustern

Wie Sie festgestellt haben, ist beim klassischen Business-Outfit die Farbauswahl für Kostüm bzw. Anzug – abgesehen von Blau, Grau und Braun – recht eingeschränkt. Weitaus mehr farbliche Variationsmöglichkeiten haben Sie jedoch bei der Bluse bzw. beim Hemd und bei den Accessoires.

Wenn Sie sich in einem weniger konservativen beruflichen Umfeld bewegen, in dem nicht der klassische Dresscode erwartet wird, haben Sie bei der Zusammenstellung Ihrer Kleidungsstücke und der verschiedenen Farben ohnehin mehr Gestaltungsmöglichkeiten.

→ ***Praxis*tipp**

! *Falls Sie gerne Streifen, Karos oder andere Muster tragen, sollten Sie diese immer mit unifarbenen Kleidungsstücken kombinieren. Mehr als zwei Muster in einem Outfit ergeben meistens eine unglückliche Kombination.*

! *Comics oder andere witzig gemeinte Motive auf Socken und Krawatten sind im beruflichen Umfeld tabu.*

Eine geschickte Farbkombination bietet immer die Möglichkeit, den Typ zu unterstreichen und das äußere Erscheinungsbild aufzuwerten, wohingegen Sie mit einer unvorteilhaften Zusammenstellung natürlich auch genau das Gegenteil erreichen können.

Die folgende Übersicht zeigt Ihnen, welche Wirkung bestimmte Farben erzeugen. Seien Sie sich jedoch darüber bewusst, dass die Farbe der Kleidung erst in Kombination mit Ihrem Typ – also Ihrer Haut-, Haar- und Augenfarbe sowie Ihren Körperproportionen – eine bestimmte Wirkung erzielt.

Dunkle Farben → begünstigen Distanz → wirken seriös und offiziell → signalisieren Macht bzw. Führungsanspruch	**Helle Farben** → begünstigen Nähe und Kontakt → wirken kommunikativ und kreativ → signalisieren eher Zugehörigkeit zum Team
Intensive Farben → wirken emotional, leidenschaftlich → drücken starke Energie aus → ziehen die Aufmerksamkeit auf sich	**Pastellfarben** → wirken weich, freundlich und wenig autoritär → drücken Neutralität aus
Kontrastreiche Kombinationen → wirken lebhaft, dynamisch, präsent	**Ton-in-Ton-Kombinationen** → wirken eher zurückhaltend und verbindlich

Die Wirkung von Farben

Wenn Sie bei der Zusammenstellung Ihrer Kleidungsstücke und Farben unsicher sind, sollten Sie sich beim Einkauf auf jeden Fall beraten lassen oder sich sogar professionellen Rat bei einer Farb- und Stilberatung einholen.

4.2 Körper- und Schönheitspflege

4.2.1 Düfte

Ebenso wie Schweißgeruch wird auch zu starke Parfümierung als unangenehm empfunden. An den Duft des eigenen Parfüms bzw. Rasierwassers haben sich die meistens Menschen schon so gewöhnt, dass sie ihn kaum mehr wahrnehmen und dann schnell einen Spritzer zu viel erwischen.

WENIGER IST MEHR, DOSIEREN SIE IHR DUFTWASSER AUSGESPROCHEN SPARSAM.

Bei anderen Personen kann unbewusst ein negativer Eindruck über Sie entstehen, wenn Sie von einer zu starken Duftwolke umhüllt sind oder Ihr Parfüm im ganzen Raum präsent ist. Sie verletzen in diesem Fall das Territorium anderer, indem Sie überall sprichwörtlich Ihre „Duftmarke" hinterlassen.

4.2.2 Hände und Nägel

Gepflegte, saubere Hände und Fingernägel sind ein Muss für einen seriösen Auftritt. Vermeiden Sie raue und rissige Hände, angeknabberte, eingerissene, unterschiedlich lange oder mit dunklen Rändern versehene Fingernägel.

Berücksichtigen Sie als Frau auch eine angemessene Länge, sodass Sie Ihre Routinetätigkeiten uneingeschränkt ausüben können. Sehr lange Fingernägel erscheinen im Geschäftsleben in der Regel als unpassend.

Wenn Sie Nagellack verwenden, sollte dieser dezent und farblich abgestimmt zur Kleidung gewählt werden. Alternativ dazu ist auch eine French Manicure möglich, dabei werden die Nagelspitzen mit weißem Lack betont und verleihen den Fingernägeln eine frische Optik. Aufwändig verzierte Nägel und auffälliges Nageldesign passen zur Abendgarderobe, gehören aber nicht zum Business-Outfit.

4.2.3 Make-up und Kosmetik

Zu wichtigen Terminen sollte sie sich auf jeden Fall schminken, um eine professionelle und positive Ausstrahlung zu unterstreichen. Grundsätzlich gilt: Für Business-Anlässe sind dezente Farben angemessener als intensive, diese wiederum passen besser für die Abendgarderobe.

Folgende Tipps sollen Ihnen helfen eine positive Wirkung zu erzielen:

- Foundation/Grundierung passend zum Hautton auftragen, Übergänge zwischen Hals und Gesicht dürfen nicht sichtbar werden
- Mattieren und Abdecken von glänzenden Stellen, Hautunreinheiten, Äderchen oder Augenringen mit einem Abdeckstift bzw. Concealer
- Überpudern der Foundation/Grundierung, um unerwünschten Glanz und Übergänge zu kaschieren

- Lidstrich und Wimperntusche unterstreichen die Augen und verleihen den Wimpern Schwung (matten Lidschatten verwenden)
- Rouge wirkt sparsam aufgetragen als Frischetupfer, mit dem die Gesichtsform gut konturiert werden kann (auftragen vom höchsten Punkt des Wangenknochens unter der Augenmitte bis zu den Schläfen)
- Einsatz von dezentem Lippenstift (Lipgloss nur beim Abend-Make-up verwenden)

Schminken Sie sich am besten bei Tageslicht, damit Sie die Wirkung gut einschätzen können. Spezielle Kosmetikprodukte für Männer sind zwar sehr stark auf dem Vormarsch; abgesehen von Fernsehauftritten ist das Make-up für ihn im Alltag aber noch kein Thema, sondern würde eher zu Irritationen führen.

4.2.4 Frisur und Haare beim Mann

Eine ansprechende Frisur und Barttracht sind natürlich immer Modeeinflüssen unterworfen. Früher galten Bärte als starkes männliches Machtattribut, während heutzutage Bärte bei Führungskräften und Politikern sehr selten zu finden sind. Führungsanspruch wird heute eher durch kurze Haare und glattrasiertes Gesicht demonstriert. Wenn Sie dennoch Bartträger sind, sollten Sie auf jeden Fall auf eine sehr sorgfältige Pflege achten.

Ein Bart verändert die Gesichtsform, Vollbartträger wirken oft gemütlicher oder sogar bärig-behäbig. Vollbärte verschleiern außerdem die Mimik, wodurch der Bartträger dann schwerer einschätzbar wirkt und damit nicht gerade ein offenes Image fördert. Durch Oberlippen- und Kinnbärte ändert sich die Optik der Mundpartie, dadurch werden diese Männer oft als ernst, korrekt, streng oder sogar unfreundlich eingestuft, besonders dann, wenn sie auch noch selten lächeln. Der Dreitagebart ist für formale Anlässe oder im konservativen Business nicht empfehlenswert, da er sehr leger wirkt.

Bei der Männerfrisur begünstigen lange Haare ein künstlerisches, kreatives Image, während kurze Haare mehr Rationalität und Führungsanspruch unterstreichen. Im Businessbereich sind daher Kurzhaarfrisuren oft vorteilhafter.

Männer mit wenig Haaren werden meistens als souveräner wahrgenommen, wenn sie zu ihrer Glatze stehen und diese nicht durch Überkämmen oder mit einem Toupet zu kaschieren versuchen.

→ ***Praxis***tipp

Neben einer gepflegten Frisur und sorgfältigen Rasur bzw. Bartpflege sollten Sie Ihr Augenmerk auch auf Kleinigkeiten wie Nasen- und Ohrenhaare sowie die Augenbrauen richten. Wildwuchs führt schnell zu einem nachlässigen Eindruck, daher sollten bei Bedarf regelmäßig die Pinzette oder ein Spezialschneider zum Einsatz kommen.

4.2.5 Frisur bei der Frau

Bei Frauen ist die Frisur ein noch auffälligeres Merkmal als bei Männern. Schon alleine durch die Frisur kann der Typ entscheidend verändert werden, am Beispiel von Spitzenpolitikerinnen sehen Sie dies ganz deutlich.

Lange Haare gelten immer noch als sehr weibliches Attribut, wohingegen sich mit Kurzhaarfrisuren Selbstbewusstsein und Durchsetzungsfähigkeit besser demonstrieren lassen. Dieser Effekt kann aber auch mit längeren Haaren durch entsprechende Hochsteckfrisuren erreicht werden. Locken können verführerisch oder verspielt wirken, im Gegensatz zu glatten Haaren, die mehr das Rationale unterstreichen. Nach hinten gebundene, glatte Haare verstärken diese Wirkung noch, die Person erscheint dadurch strenger, autoritärer.

Für Frauen, die sich als Führungskraft in einer Männerdomäne bzw. einer konservativen Branche behaupten müssen, ist ein rationales, durchsetzungsfähiges Image vorteilhafter. Dieser Eindruck lässt sich ganz entscheidend mithilfe der Frisur beeinflussen.

Unabhängig von der Frisur sollte eine angemessene Haarpflege selbstverständlich sein. Als Zeichen der Nachlässigkeit gelten Haarspliss oder bei gefärbten Haaren die sichtbar nachgewachsenen Haaransätze.

→ Zusammenfassung

- Kleidung wirkt erst dann als positiver Verstärker, wenn sie dem Anlass und der Erwartungshaltung entspricht.
- Wer den geltenden Dresscode ignoriert, läuft Gefahr, als Außenseiter wahrgenommen zu werden. Overdressed zu einem Termin zu erscheinen, ist i.d.R. unkritischer als underdressed aufzutreten.
- Mit gut gewählten Accessoires können Sie eine bestimmte Wirkung unterstreichen. Kombinieren Sie höchstens fünf Accessoires und wählen Sie nicht zu auffällige Stücke.
- Die Körper- und Schönheitspflege runden das äußere Erscheinungsbild ab, achten Sie deshalb auf:
  - sparsamen Einsatz von Parfums und Duftwassern
  - gepflegte Hände und Fingernägel
  - ein dezentes und professionelles Make-up (als Frau)
  - eine ansprechende und gepflegte Frisur

5 Erfolgsfaktor Stimme

5.1 Stimme macht Stimmung

Die Stimme ist bei vielen Menschen ein verlässlicher Stimmungsindikator. Bei vertrauten Menschen werden Sie Gefühle wie Begeisterung, Anspannung, Wut oder Trauer sofort an der Stimme erkennen können.

Bei einem Vortragsredner lässt sich manchmal Nervosität selbst dann noch anhand der Stimme identifizieren, wenn die körpersprachlichen Signale insgesamt sicher wirken. Der Grund dafür ist einfach: Die Stimmbänder sind Teil unseres Muskelapparates. Egal ob Ihr Körper sehr entspannt oder bei Stress sehr angespannt ist, der Spannungszustand überträgt sich auf Ihre Stimmbänder und wird dadurch hörbar.

Umgekehrt wirkt die Stimme eines Redners auch auf die Stimmung der Zuhörer. Kennen Sie Menschen, denen Sie stundenlang zuhören könnten, denen es gelingt, Sie mit ihrer Stimme in Aufmerksamkeit, Spannung oder Begeisterung zu versetzen? Sicher erinnern Sie sich aber auch an Präsentationen, in denen es der Redner schaffte, Sie bereits nach zwei Minuten einzuschläfern, und dies nur durch seine Art des Sprechens.

Wenn Sie sich an die Mehrabian-Studie aus Kapitel 1 zurückerinnern, so wird der Einfluss der Stimme auf die Gesamtwirkung mit 38 % beziffert, wogegen dem Inhalt nur 7 % zugeschrieben werden. Eine angenehme Stimme ist also ein bedeutender Einflussfaktor für jeden, der darauf angewiesen ist, im persönlichen Gespräch zu überzeugen. Eine weitaus höhere Bedeutung gewinnt die Stimme noch, wenn Körpersprache und Erscheinungsbild unsichtbar bleiben, da Sie vielleicht überwiegend telefonisch kommunizieren müssen. Eine sympathische Stimme ist in diesem Fall Gold wert.

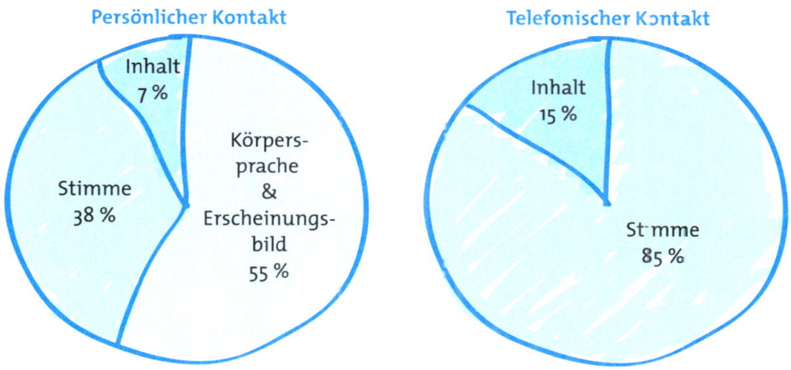

Die Bedeutung der Stimme beim persönlichen Kontakt und im Telefonat

Um mit der Stimme eine möglichst positive Wirkung zu erreichen, müssen drei Grundvoraussetzungen erfüllt werden:

- Deutlichkeit und Verständlichkeit
- angemessenes Tempo
- angenehmer Klang

→ Übung 9

Damit Sie die Wirkung Ihrer eigenen Stimme besser einschätzen können, ist es empfehlenswert, sich selbst in verschiedenen Situationen aufzuzeichnen, z.B. bei Präsentationen, beim Telefonieren oder beim Vorlesen eines Zeitungsartikels. (Bitten Sie Ihre Kommunikationspartner vorher um Erlaubnis, aus Gründen der Höflichkeit und des Datenschutzes.)

Hören Sie sich die Aufzeichnungen mehrmals an und bewerten Sie die Qualität der drei Faktoren Klang, Tempo, Deutlichkeit/Verständlichkeit. Lassen Sie sich nach Ihrer Selbsteinschätzung von einer anderen Person beurteilen, so finden Sie Ihre stimmlichen Stärken und Schwächen leichter heraus.

Wenn Sie Ihre Stimme zum ersten Mal aufgezeichnet hören, wundern Sie sich nicht über den Klang. Da Schall nicht nur durch Luft, sondern auch über Gewebe und Knochen übertragen wird, hört sich die eigene Stimme beim Sprechen immer anders an als aufgezeichnet.

5.2 Deutlichkeit und Verständlichkeit

Sprecher, die schwer zu verstehen sind, wirken auf Zuhörer unprofessionell und laufen Gefahr, dass die Botschaften, die sie kommunizieren wollen, nicht ankommen.

Die Deutlichkeit der Sprache wird insbesondere durch die Öffnung des Mundes und die Bewegung der Zunge und der Gesichtsmuskeln beeinflusst.

Leute, die als „mundfaul" gelten, öffnen beim Sprechen ihren Mund tatsächlich zu wenig und setzen ihre Gesichtsmuskeln sehr sparsam ein. Durch eine schlechte Artikulation werden sprichwörtlich Silben verschluckt und die Verständlichkeit leidet darunter.

→ Übung 10
„Korkensprechen"

Nehmen Sie einen Korken zwischen die Schneidezähne und lesen Sie nun den folgenden Text laut vor:

Dieser Text dient sowohl als Übung als auch als Anleitung zum Korkensprechen. Dabei handelt es sich um eine besonders effektive Methode zur Verbesserung der Artikulation. Fixieren Sie den Korken locker mit den Schneidezähnen, ohne dabei fest zuzubeißen oder gar zu verkrampfen. Der Korken sollte dabei etwa zu drei Viertel aus dem Mund schauen. Bemühen Sie sich, alle Silben deutlich und korrekt auszusprechen und auch die Endungen deutlich zu betonen. Sie können diese Übung alleine oder auch vor Publikum durchführen. Wenn Sie sich für die zweite Variante entscheiden, werden Sie gewiss zum Amüsement Ihrer Mitmenschen beitragen. Führen Sie diese Übung täglich einige Minuten durch und nutzen Sie dazu unterschiedliche Texte.

Falls Sie Probleme bei der Artikulation ganz bestimmter Laute haben oder beim Sprechen hörbar mit der Zunge anstoßen, ist dies kein unabänderliches Schicksal. Auch dafür gibt es geeignete Übungen, mit denen sich unter Anleitung eines Logopäden sehr gute Erfolge erzielen lassen.

Wichtig für die Verständlichkeit ist auch die richtige Lautstärke. Speziell wenn Sie vor einer Gruppe reden, sollten Sie immer etwas lauter als gewöhnlich sprechen.

> *Als Faustregel gilt: Je grösser Raum und Gruppe sind, desto lauter sollte Ihre Stimme sein.*

Bei großen Gruppen empfiehlt es sich, zu Beginn nachzufragen, ob man für alle gut verständlich ist.

Wenn Sie zu leise sprechen, gehen einerseits Informationen verloren und andererseits werden Sie als Redner von Ihren Zuhörern als wenig selbstbewusst wahrgenommen. Zu laut zu sprechen kann ebenfalls nachteilig sein, denn damit strapazieren Sie Ihren Stimmapparat unnötig. Außerdem werden Personen, die in allen Situationen übermäßig laut sprechen, oft als Poltergeister, als übertrieben selbstbewusst oder als unsensibel eingestuft. Sie sollten also in der Lage sein, die Lautstärke situativ angemessen zu modulieren.

Unter dem Aspekt Deutlichkeit und Verständlichkeit spielt auch der Dialekt eine Rolle. Bei vielen Gesprächspartnern lässt sich anhand des Dialektes oder regionaler Einfärbungen eine Aussage über deren Herkunft treffen. Ein gewisser regionaler Einschlag in der Sprache ist bei den meisten Menschen erkennbar und gilt durchaus als sympathisch und authentisch. Kritisch wird es allerdings, wenn ein Dialekt so stark ausgeprägt ist, dass darunter die Verständlichkeit leidet.

> *WER FÜR BUNDESWEIT ODER GAR INTERNATIONAL TÄTIGE UNTERNEHMEN ARBEITET ODER DARAUF ANGEWIESEN IST, BERUFLICH VIEL ZU KOMMUNIZIEREN, SOLLTE IN DER LAGE SEIN, HOCHDEUTSCH ZU SPRECHEN.*

Die Verwendung von Hochdeutsch wird gerne mit Professionalität und hoher Bildung assoziiert. Personen mit starkem Dialekt schiebt man schnell in die Schublade provinziell, bodenständig oder niedrigerer Bildungsstand.

→ ***Praxis***tipp

Dialekte und regionale sprachliche Färbungen sind ein schwer veränderbares, aber nicht unabänderliches Merkmal. Wenn Sie daran arbeiten möchten, so sollten Sie dies aber langsam und in kleinen Schritten tun, denn bei zu schnellen Veränderungen besteht die Gefahr, dass Sie gekünstelt und nicht mehr authentisch erscheinen.

Fragen Ihre Gesprächspartner sehr häufig nach? Werden Sie öfter aufgefordert, das Gesagte noch einmal zu wiederholen? Wenn ja, könnte das darauf hindeuten, dass Sie eine undeutliche Aussprache haben, derer Sie sich selbst nicht bewusst sind.

5.3 Sprechtempo

Bei öffentlichen Auftritten und Präsentationen neigen manche Menschen zu einem sehr hohen Sprechtempo. Wenn es Zuhörern schwerfällt zu folgen, kann der Grund in einer zu hohen Sprechgeschwindigkeit liegen. Dass ein Redner als unangenehm langsam wahrgenommen wird, kommt in der Praxis ausgesprochen selten vor. Eine gewisse Nervosität, der Wunsch, die Situation schnell hinter sich zu bringen, oder auch ein vorgegebenes Zeitlimit sind mögliche Ursachen für den Beschleunigungseffekt.

Wenn das Sprechtempo zu hoch ist, überfordern Sie Ihr Publikum. Es ist Ihren Kommunikationspartnern dann nicht mehr möglich, alle Informationen aufzunehmen, zu verarbeiten und einzusortieren. Der Eindruck von Hektik, Unsicherheit oder mangelnder Struktur wird bei schnell sprechenden Personen begünstigt. Langsamere Sprecher werden als überzeugender, glaubwürdiger und ausgeglichener wahrgenommen.

Sprechpausen erfüllen in diesem Zusammenhang für alle Beteiligten wichtige Funktionen:

- Der Vortragende selbst hat Zeit, einzuatmen und seine Gedanken zu strukturieren,
- und die Zuhörer benötigen diese Zeit, um das Gesagte auf sich wirken zu lassen, zu bewerten und einzusortieren.

Normale Sprechpausen können ein bis zwei Sekunden andauern und bieten sich dort an, wo im geschriebenen Text Satzzeichen stehen. Längere Pausen können auch als rhetorisches Element eingesetzt werden, nämlich dann, wenn Sie eine Aussage ganz besonders hervorheben wollen.

Sollten auch Sie zu den Schnellsprechern gehören, dann helfen Ihnen die folgenden Tipps dabei, Ihr Tempo zu drosseln:

- Eine gute Vorbereitung reduziert die Nervosität und damit den möglichen Beschleunigungseffekt.
- Bilden Sie kurze Sätze anstatt langer Schachtelsätze.
- Machen Sie an jedem Satzende eine Atempause: Atmen Sie zunächst die Restluft komplett aus und atmen Sie erst dann neu ein.
- Setzen Sie innerhalb langer Sätze bewusste Pausen bei allen Satzzeichen.
- Artikulieren Sie deutlich und achten Sie auf eine große Mundöffnung beim Sprechen, dadurch müssen Sie langsamer sprechen.

EIN ANGENEHMES SPRECHTEMPO IST NICHT NUR BEI VORTRÄGEN UND PRÄSENTATION VOR GRUPPEN EMPFEHLENSWERT, SONDERN IM DIALOG MIT EINEM GESPRÄCHSPARTNER GENAUSO ENTSCHEIDEND.

Statt einer Sprechpause hört man bei manchen Rednern „Ähs“ und „Ähms“. Eine Theorie besagt, diese Fülllaute entstünden dadurch, dass der Sprecher die Stille nicht ertragen kann, er überbrücke die Pause dann unbewusst mit dem Fülllaut. Deshalb sind die „Ähs“ dem Vortragenden selbst gar nicht bewusst, dem Publikum jedoch umso mehr.

Im Extremfall kann das Gesagte dadurch komplett in den Hintergrund verdrängt werden. Die Hörerschaft beschäftigt sich stattdessen mit dem Zählen der „Ähs“. Es handelt sich dann um den Effekt des zentralen Merkmals, bei dem alle anderen Botschaften nicht mehr wahrgenommen werden (vgl. Kapitel 1.3).

Die gute Nachricht lautet, es gibt eine sehr effektive Möglichkeit, solche Fülllaute drastisch zu reduzieren: Nehmen Sie sich beim nächsten Anlass gezielt vor, keine „Ähs“ zu verwenden. Setzen Sie anstatt des Fülllautes eine bewusste Sprechpause. Dies hört sich nicht nur einfach an, sondern lässt sich mit ein wenig Konzentration und Disziplin auch einfach umsetzen. Wichtig ist, sich zunächst einmal die „Ähs“ bewusst zu machen. Hören Sie sich deshalb während des Sprechens einfach aufmerksam zu, dann werden Sie diese Fülllaute identifizieren. Seien Sie aber nicht zu anspruchsvoll; es wird Ihnen beim ersten Mal noch nicht gelingen, die „Ähs“ zu unterbinden. Wenn Sie sich beim Sprechen möglichst oft darauf konzentrieren, können Sie diese störenden Laute innerhalb von wenigen Tagen deutlich reduzieren, indem Sie sie sukzessive durch Sprechpausen ersetzen.

MITHILFE DER ÜBUNG „SPRECHDENKEN“ IM KAPITEL 6.7 „SPRACHLICHES AUSDRUCKSVERMÖGEN UND SCHLAGFERTIGKEIT“ AUF S. 67 KÖNNEN SIE NICHT NUR DAS FREIE SPONTANE FORMULIEREN, SONDERN GLEICHZEITIG DAS REDUZIEREN VON FÜLLLAUTEN TRAINIEREN.

5.4 Stimmklang

Der Stimmklang zählt zu den unverwechselbaren Merkmalen jedes Menschen. Mit dem individuellen Klang einer Stimme werden unbewusst bestimmte Eigenschaften und ein bestimmtes Aussehen assoziiert.

Sicher haben Sie es schon erlebt, dass Sie zunächst nur die Stimme einer Person vom Telefon kannten und in Ihrem Kopf automatisch ein Bild von diesem Menschen entstand. Ein persönliches Treffen entpuppte sich dann als Überraschung, weil das reale Bild nicht mit dem Bild im Kopf übereinstimmte.

Die Faktoren, die den Klang der Stimme beeinflussen, sind Tonhöhe, Modulation und Betonung.

Die Tonhöhe ist bei Männern normalerweise tiefer als bei Frauen, was auf anatomische Gründe (längere Stimmlippen) zurückzuführen ist. Da über Jahrhunderte in der patriarchalischen Gesellschaft die Männer mehr zu sagen hatten, wird auch heute noch bei tieferen Stimmen oft Durchsetzungskraft assoziiert und bei hohen Stimmen eher Emotionalität (weshalb manche Frauen in Führungspositionen dazu neigen, eine tiefere Tonlage zu entwickeln).

→ ***Praxis**tipp*

Sich zwanghaft eine unnatürliche Tonlage anzugewöhnen, um eine bestimmte Wirkung zu erzielen, ist allerdings nicht empfehlenswert. Lohnenswerter ist es vielmehr, an der Intonation, der stärkeren Variation der Tonhöhe und der Modulation insgesamt, also der Gestaltung der Sprache zu arbeiten.

Die meisten Sprecher wenden unbewusst ein gewisses Maß an Modulation an, also senken beispielsweise die Stimme am Satzende. Das Heben der Stimme bei Satzaussagen – so genannte „Entenschwänzchen“ – zeugt hingegen von Unsicherheit und wenig Selbstbewusstsein. Sollten Sie dazu neigen, empfehle ich die folgende Übung:

→ Übung 11

Lesen Sie folgenden Satz laut vor, zuerst heben Sie die Stimme am Satzende, dann senken Sie sie bewusst und vergleichen die Wirkung: „Unsere Maschine A, die ich Ihnen empfehle, arbeitet sehr effizient."

Dynamik und Begeisterung erreichen Sie durch eine abwechslungsreiche Stimmführung und eine sinnvolle Betonung von Aussagen. Wenn Sie also motivierter und engagierter wahrgenommen werden möchten, ist die Stimmmodulation dafür ein hervorragendes Werkzeug, das sich gut trainieren lässt.

→ Übung 12

Lesen Sie einmal den Text der vorherigen Seite laut vor. Setzen Sie sich dabei das Ziel, einen Zuhörer vom Inhalt zu überzeugen. Variieren Sie die Tönhöhe ganz bewusst und wechseln Sie höhere und tiefere Sprechtöne ab. Hier dürfen Sie ganz bewusst übertreiben, selbst wenn es zunächst überzeichnet oder ungewohnt klingen wird.

„Der Ton macht die Musik" – die Art der Betonung trägt nicht nur zur Entstehung Ihres Stimmklangs bei, sondern Sie können dem Gesagten darüber hinaus auch eine bestimmte Bedeutung verleihen. Wenn Sie ein Wort besonders betonen, gleicht dies einer sprachlichen Unterstreichung und Sie heben es damit ganz besonders hervor.

Bei einem inhaltsgleichen Satz erreichen Sie alleine über die Betonung der verschiedenen Bestandteile unterschiedliche Wirkungen. Beispiel:

Ich freue mich, **Sie** heute persönlich kennen zu lernen.
Ich freue mich, Sie heute persönlich kennen zu lernen.
Ich freue mich, Sie **heute** persönlich kennen zu lernen.
Ich freue mich, Sie heute **persönlich** kennen zu lernen.

→ Übung 13
„Wahlkampfrede"

US-Präsident Barack Obama gilt als eine der rhetorisch herausragendsten Persönlichkeiten der jüngeren Vergangenheit. Bei der Analyse seiner Reden werden Sie feststellen, dass er seine Stimme wie ein Präzisionswerkzeug beherrscht. Durch die gekonnte Variation von Sprechtempo, Lautstärke, Klang und Betonung gelingt es ihm, seine Botschaften eindrucksvoll und überzeugend zu vermitteln.

Die folgenden Texte sind Auszüge aus unterschiedlichen Reden von Obama, die er vor seiner Wahl zum US-Präsidenten hielt, und stammen aus dem Buch „Sag's wie Obama" von Shel Leanne.*

Lesen Sie sich die Texte zunächst leise durch und markieren Sie die Worte, die Sie im Vortrag besonders hervorheben möchten. Tragen Sie nun die Texte so vor, als müssten Sie damit tatsächlich eine Präsidentschaftswahl gewinnen. Versetzen Sie sich also wirklich in die Rolle des Kandidaten und nutzen Sie Ihre Stimme als Instrument. Es ist empfehlenswert, die Übung mit einem Camcorder oder Tonaufnahmegerät selbst aufzuzeichnen bzw. einen Übungspartner als Feedbackgeber einzubinden. Analysieren Sie anschließend, inwieweit es Ihnen gelungen ist, die entsprechenden Botschaften eindrucksvoll zu vermitteln. Wiederholen Sie die Übung einige Male, bis Sie mit der gewünschten Wirkung zufrieden sind.

Text 1: „Ich nehme es nicht hin, dass es ein Amerika gibt, in dem wir nichts dagegen tun, dass die Hälfte aller Teenager nicht einmal die Grundlagen der Bruchrechnung beherrschen – und beinahe neun von zehn afroamerikanischen und lateinamerikanischen Achtklässlern in Mathematik keine ausreichenden Kenntnisse vorweisen können. Ich nehme es nicht hin, dass es ein Amerika gibt, in dem Grundschulkinder jeden Tag durchschnittlich 25 Minuten in Naturwissenschaften unterrichtet werden, obwohl wir wissen, dass über 80 Prozent der Berufe mit den stärksten Zuwachsraten solide Grundlagen in Mathematik und Naturwissenschaften voraussetzen. Dieses Amerika ist moralisch nicht annehmbar für unsere Kinder. Es ist wirtschaftlich nicht haltbar für unsere Zukunft. Und es ist nicht, was wir als Land eigentlich sind."*

Text 2: „Das ist unsere Stunde. Das ist unsere Botschaft – wir haben die Botschaft nie geändert, ob wir in den Umfragen nun gut oder schlecht dastanden. Und wir werden die Botschaft auch nicht mehr ändern. In sieben Monaten können wir das Versprechen einlösen, können wir das Erbe antreten, können wir Amerika eine neue Führung geben. Denn es gibt nichts, was wir nicht können, wenn das amerikanische Volk beschließt, dass die Zeit dafür reif ist."*

Text 3: „Wenn wir junge Männer und Frauen Gefahren aussetzen, dann haben wir die Pflicht, die Zahlen offen auf den Tisch zu legen, und dürfen nicht verschleiern, warum wir sie dorthin schicken; wir haben die feierliche Pflicht, uns um ihre Familien zu kümmern, während sie ihren Dienst leisten, uns nach ihrer Rückkehr um die Soldatinnen und Soldaten zu kümmern, und nie, niemals in einen Krieg zu ziehen, wenn die Truppenstärke nicht ausreicht, um den Krieg zu gewinnen, den Frieden zu sichern und uns den Respekt der ganzen Welt zu verdienen."*

*Quelle: Leanne, Shel: Sag's wie Obama: Ausstrahlung, Rhetorik und Visionen des neuen US- Präsidenten. Wien 2009

→ Zusammenfassung

- Im direkten Kontakt trägt die Stimme zu 38 % zur persönlichen Wirkung bei, im Telefonat sogar zu 85 %.
- Jede Stimme eröffnet eine wechselseitige Wirkung: Sie bringt zum einen Gedanken und innere Einstellungen zum Ausdruck und löst zum anderen beim Gesprächspartner Gefühle aus.
- Die drei wichtigsten Komponenten der Stimme sind:
  - Deutlichkeit und Verständlichkeit: Die Öffnung des Mundes, die Bewegung der Zunge und die situativ anzupassende Lautstärke spielen hierbei eine wichtige Rolle.

- Angemessenes Tempo: Lassen Sie sich durch Nervosität nicht zu schnellem Sprechen verleiten. Wohldosierte Sprechpausen geben dem Zuhörer die Möglichkeit, Aussagen besser aufzunehmen, und Ihnen, sich zwischendurch gedanklich leichter zu sortieren.
- Angenehmer Klang: Die Modulation, also die Gestaltung der Sprache insgesamt, beeinflusst Ihre Aussagekraft immens. Abwechslungsreiche Variation und richtige Betonung erzeugen Interesse und wirken als Ohrenöffner bei Ihrem Gegenüber.

6 Erfolgsfaktor Inhalt: Positiver Eindruck durch passenden Ausdruck

Auch wenn den inhaltlichen Aussagen in bestimmten Situationen nur noch sieben Prozent der Aufmerksamkeit geschenkt werden, lohnt es sich, auch hier gezielt anzusetzen, um die Selbstpräsentation zu optimieren. An dieser Stelle werden Sie selbstverständlich keine Tipps erhalten, mit welchen Aussagen Sie sich in Ihrem Fachgebiet profilieren können, sondern vielmehr grundsätzliche Möglichkeiten kennen lernen, um die Inhaltsebene sprachlich noch besser auszugestalten.

Im persönlichen Kontakt, bei Präsentationen, Reden und in Besprechungen bedienen Sie sich bewusst der Sprache als Kommunikationsmittel, um Informationen weiterzugeben. Gleichzeitig offenbaren Sie Ihrem Kommunikationspartner über den Gebrauch der Sprache auch einen Einblick in Ihre Denkstruktur und Ihre Einstellung, Sie präsentieren sich.

6.1 Defizit- oder chancenorientiert?

Bestimmt kennen Sie das Beispiel: Bei der Beschreibung eines Wasserglases, das bis zur Mitte gefüllt ist, erhalten Sie von einer Person die Beschreibung „Das Glas ist halb leer." und von einer anderen „Das Glas ist halb voll.". Beide Personen beschreiben dasselbe Glas, und beide versuchen die gleiche Sachinformation zu vermitteln, jedoch mit unterschiedlicher Wirkung: Die erste Person ist mit ihrer Wahrnehmung mehr auf Defizite bzw. auf fehlende Puzzlestücke ausgerichtet, während die zweite Person das bereits Vorhandene bzw. Erreichte wahrnimmt.

Personen, deren Wahrnehmung defizitorientiert ist, kommen schnell in den Ruf des Pessimisten, Negativdenkers oder Bedenkenträgers. Da sich dieses Image nur in den wenigsten Berufen karrierefördernd auswirkt, ist es erstrebenswert, sich als optimistisch, positiv und chancenorientiert zu präsentieren.

ACHTEN SIE DESHALB AUF EINE POSITIVE SPRACHE.

Im gesamten Vertriebs- und Dienstleistungssektor sowie im Führungsalltag ist das Beherrschen einer positiven Kommunikation unerlässlich. Menschen, die als „Leergläsler" eingestuft werden, schneiden schlechter ab, wenn es um Überzeugungsarbeit, Verhandlungen oder Beförderungen geht – Pessimisten schätzt man nicht.

Defizitorientierte Formulierungen	Chancenorientierte Formulierungen
Vom 23.12. – 01.01. geschlossen!	Wir sind ab 02.01. wieder für Sie da!

Die erste Woche des Urlaubs ist schon vorbei.	Ich habe noch eine Woche Urlaub vor mir.
Ich kann diese Aufgabe heute nicht mehr erledigen.	Ich werde mich morgen sofort um diese Aufgabe kümmern.
Der Artikel ist in Schwarz momentan nicht lieferbar.	Der Artikel ist in den Farben Blau, Rot und Grün sofort verfügbar.
Kapitel 6–10 dieses Buches habe ich noch nicht gelesen.	Ich habe bereits die Kapitel 1–5 dieses Buches bearbeitet.

Defizitorientierte versus chancenorientierte Formulierungen

→ Übung 14

Entwickeln Sie zu jeder defizitorientierten Formulierung eine chancenorientierte.

defizitorientierte Formulierungen	*chancenorientierte Formulierungen*
Die Fertigstellung der Präsentation schaffe ich nicht bis übermorgen.	
Ab sofort schließen wir samstags bereits um 14:00 Uhr.	
Die Anmeldefrist läuft in vier Wochen ab.	
Bis Heiligabend sind es nur noch drei Tage und ich habe noch kein einziges Geschenk gekauft.	
Wir können Ihre Anfrage in dieser Woche nicht mehr bearbeiten.	
Herr Müller ist bis Mittwoch krank gemeldet, deshalb ist unser Team momentan überlastet.	

Die Fehlerquote beträgt 3 %.	
Spezialanfertigungen dauern bei uns drei Wochen.	
Nach dem 30.09. eintreffende Angebote können wir leider nicht mehr für die Ausschreibung berücksichtigen.	
Stifte mit Namensgravur kosten fünf Euro Aufpreis.	

Lösungsvorschläge finden Sie auf S. 114/115.

6.2 Statist oder Hauptdarsteller?

Stellen Sie sich einmal vor, Sie unterhalten sich mit einem ehemaligen Arbeitskollegen, den Sie länger nicht gesehen haben, und fragen diesen, wie es bei ihm beruflich läuft, und er antwortet daraufhin: „Im vergangenen Jahr wurde ich zum Teamleiter befördert."

Fällt Ihnen etwas auf? Mit der passiv gewählten Formulierung „ich wurde befördert" stempelt er sich zu einem Nebendarsteller ab, eine aktive Beteiligung kommt sprachlich nicht zum Ausdruck. Vielleicht musste der Kollege für diesen Schritt sehr hart arbeiten, seine Qualifikationen vorher unter Beweis stellen oder sich sogar in einem Auswahlverfahren behaupten – mit seiner Aussage jedoch suggeriert er ein passives Image, wird also als jemand wahrgenommen, der reagiert, anstatt selbst zu agieren, der lieber abwartet, als aktiv zuzupacken.

Um hingegen selbstbestimmt und aktiv zu erscheinen, ist folgende Formulierung besser: „Im vergangenen Jahr übernahm ich die Position des Teamleiters."

Wenn Sie ein engagiertes, zupackendes Image fördern möchten, dann verwenden Sie möglichst viele Aktivkonstruktionen.

Passiv	Aktiv
Die neue Produktreihe bescherte unserem Vertriebsteam gute Umsätze.	Unserem Vertriebsteam gelang es, den Absatz der neuen Produktreihe zu steigern und gute Umsätze zu erzielen.
In einer halben Stunde kommt Herr Müller zu mir ins Büro.	Ich werde in einer halben Stunde ein Gespräch mit Herrn Müller führen.
Ich bekomme die Möglichkeit, nächste Woche ein Führungsseminar zu besuchen.	Ich habe mich für nächste Woche zu einem Führungsseminar angemeldet.
Ich bin zu einem Vorstellungsgespräch eingeladen.	Wir haben einen Termin für ein Vorstellungsgespräch vereinbart.

Passive und aktive Satzkonstruktionen

Mit Passivformulierungen degradieren Sie sich in eine Statistenrolle und geben damit die Verantwortung aus der Hand. Sie wirken fremdbestimmt und dadurch werden Erfolge der Allgemeinheit oder dem Zufall zugeschrieben, jedoch nicht Ihren Leistungen.

Aktivformulierungen drücken Ihre direkte Beteiligung aus, Sie machen sich damit zum Regisseur und Akteur und werden als entschlossen, aktiv und zielstrebig wahrgenommen.

→ Übung 15

Entwickeln Sie zu jeder passiven Formulierung eine aktive.

Passiv	*Aktiv*
Dank unseres konstruktiven Teammeetings gibt es nun Lösungsansätze zur Behebung des Personalengpasses.	
Die Abwrackprämie hat unseren PKW-Umsatz gerettet.	

Der Kunde ist von unserem Angebot überzeugt und wird uns mit dem Projekt beauftragen.	
Ich erhalte die Gelegenheit, mein Konzept dem Vorstand persönlich zu präsentieren.	
Die Studie zeigt, dass wir mit dieser Strategie auf dem richtigen Weg sind.	
Mit Beharrlichkeit und Scharfsinn hat sich das gewünschte Ergebnis eingestellt.	
Ich wurde vor drei Monaten zum Vertriebsleiter befördert.	
Im Rahmen des Projekts ergaben sich mehrere Lösungsansätze.	
Hierzu wurde bereits ein Termin mit der Geschäftsleitung anberaumt.	
Für alle Interessenten besteht die Möglichkeit der Kontaktaufnahme an unserem Messestand.	

Lösungsvorschläge finden Sie auf S. 115/116.

Ähnliches gilt für Formulierungen im Konjunktiv. Wer „hätte“, „könnte“ oder „sollte“, lebt mehr in der Theorie und wird weniger ernst genommen als derjenige, der mit Überzeugung spricht.

> Denken Sie nur an einen Reisebüromitarbeiter, der zu seinem Kunden sagt: „Ich würde Ihnen dieses Hotel empfehlen.“ Mit ganz anderer Überzeugungskraft und Kompetenz wird beim Kunden der Satz „Ich empfehle Ihnen dieses Hotel“ ankommen.

Passive Sprachmuster und Formulierungen im Konjunktiv können aus der inneren Überzeugung resultieren, der eigenen Umwelt ausgeliefert zu sein, ohne selbst Einfluss auf den Lauf der Dinge zu haben. Personen mit aktiven Sprachmustern haben dagegen größeres Vertrauen in die eigenen Fähigkeiten und sehen sich als Steuermann des eigenen Lebens. Umgekehrt führt auch der bewusste Einsatz aktiver Formulierungen zu einer selbstbestimmteren inneren Haltung – es besteht also eine Wechselwirkung.

6.3 Fachbegriffe und Schlagworte

Durch die Verwendung von Fachbegriffen und Fremdwörtern können Sie Kompetenz und Expertentum signalisieren. Setzen Sie Fremdwörter aber nur ein, wenn Sie davon ausgehen können, dass sie Ihrem Gesprächspartner geläufig sind. Orientieren Sie sich bei mehreren Zuhörern immer an der Person mit dem niedrigsten Kenntnisstand. Falls Sie sich nicht sicher sind, ob ein Begriff geläufig ist, dann liefern Sie lieber eine kurze Erläuterung mit.

→ ***Praxis***tipp

Dosieren Sie den Einsatz je nach Zielgruppe und Anlass, denn wenn Sie zu viele Fremdwörter gebrauchen, kann dies auch überheblich klingen.

In manchen Branchen oder Unternehmen haben sich ganz bestimmte Schlagworte – oft englische Begriffe oder Abkürzungen – in den alltäglichen Sprachgebrauch eingebürgert. Der Gebrauch dieser Schlüsselbegriffe signalisiert weniger Expertentum, sondern vielmehr Zugehörigkeit. Durch die Nichtverwendung outen Sie sich als Neuling, Anfänger oder Außenstehender.

Speziell für Bewerbungssituationen sowie für zielgruppenspezifische Präsentationen ist es daher ratsam, sich über Schlagworte und Schlüsselbegriffe vorab zu informieren, um diese einfließen lassen zu können.

6.4 Verständlichkeit durch Struktur

Um das bessere Verstehen Ihrer Aussagen zu unterstützen, sollten Sie hierauf achten:

- Einfachheit,
- Struktur und
- Prägnanz.

Behördendeutsch, Schachtelsätze und viele Füllwörter führen zu Undurchsichtigkeit, Unmut und verschaffen wenig Gehör. Mit einfachen, leicht nachvollziehbaren Aussagen erreichen Sie einen breiteren Publikumskreis und nicht nur wenige Spezialisten eines bestimmten Fachgebietes.

> Kompliziert: „Gelegentlich, unter Umständen, wenn es also gerade passt und das entsprechende Publikum da ist, welches auch das nötige Verständnis mitbringt, nutze ich durchaus den elaborierten Code."
>
> Einfacher: „Die Hochsprache setze ich bei entsprechendem Publikum ein."

Struktur verschafft Übersicht und zeigt Zusammenhänge auf. Wer seine Argumente folgerichtig und schlüssig darlegt, wird nicht nur gehört, sondern auch verstanden. Das Gleiche gilt für eine schriftliche Präsentation, die eine klare, abgestufte Gliederung aufweisen muss. Gerade bei längeren Reden schätzen die Zuhörer eine kurze Inhaltsübersicht mit zeitlichen Angaben, um besser folgen zu können

6.5 Gehirngerechte Sprache

Gehirngerechte Kommunikation nutzt Bilder, Kurzgeschichten, plastische Beispiele und Vergleiche. So werden beide Gehirnhälften aktiviert und die Informationen können besser verarbeitet werden.

> Stellen Sie sich vor, Sie möchten Ihr Auto privat verkaufen und dafür den bestmöglichen Preis erzielen.
>
> Damit Ihr Fahrzeug so gepflegt wie möglich wirkt, werden Sie es vorher sicher auf Vordermann bringen, d.h., Sie entfernen den Staub auf dem Armaturenbrett, reinigen gründlich die Fußmatten, saugen den Innenraum, ordnen das Handschuhfach und entfernen die Bonbonpapiere aus dem Aschenbecher. Selbstverständlich steht die Waschstraße auf dem Programm, und danach polieren Sie Ihr Auto blitzblank, damit die Farbe richtig erglänzt. Jetzt kommt Ihr Wagen richtig zur Geltung und ist perfekt gestylt für die ersten Interessenten.
>
> Oder sind Sie etwa der Meinung, es wäre Erfolg versprechender, stattdessen durch den Schlamm zu fahren und im Innenraum einfach alle Krümel aus dem letzten Jahr liegen zu lassen? Sicher nicht, einen höheren Preis erzielen Sie natürlich für den aufpolierten Wagen.

Anhand dieses Beispiels könnten Sie jemandem in einer Minute vermitteln, wie wichtig eine positive Selbstpräsentation ist und dass sich damit der eigene Wert deutlich steigern lässt.

EINE GEHIRNGERECHTE SPRACHE ERMÖGLICHT ES IHNEN, KOMPLEXE THEMEN AUF EINE VEREINFACHTE ART SCHNELL ZU KOMMUNIZIEREN.

Sie malen Bilder im Kopf des Zuhörers (und auch des Lesers), regen seine Phantasie an und sprechen damit alle Empfangskanäle des Menschen an. Probieren Sie es aus!

→ Übung 16

Entwickeln Sie zu jeder sachlichen Aussage eine bildhafte Redewendung.

sachlich	*bildhaft metaphorisch*
... so früh wie möglich dagegen vorgehen ...	*... im Keim ersticken ...*
... schwer zu verstehende Inhalte ...	
... die Strategie für das nächste Jahr festlegen ...	
... einen Aktionsplan entwickeln ...	
... das Team neu zusammensetzen ...	
... handlungsbereit sein, sobald die Nachfrage anzieht ...	
... unentschlossen/abwartend sein ...	
... Überflüssiges weglassen ...	

... die Grundlage für langfristige Erträge schaffen ...	
... geeignete Maßnahmen kombinieren ...	
... Stärke demonstrieren ...	
... gemeinsam handeln ...	
... jemandem die Schuld zuweisen ...	
... eine Kompromisslösung finden ...	
... miteinander den Zeitplan festlegen ...	
... Sparmaßnahmen ergreifen ...	
... eine andere Strategie als die Mitbewerber verfolgen ...	

Lösungsvorschläge finden Sie auf S. 116/117.

6.6 Negativthemen meiden

Verzichten Sie bei Präsentationen auf den Hinweis, dass Sie ja so wenig Zeit hatten und deshalb die Charts nicht so toll gestalten konnten. Vermeiden Sie es, als Bewerber im Vorstellungsgespräch über die Arbeitsmarktsituation zu klagen. Jammern Sie als Verkäufer nicht beim Kunden über die schlechte Auftragslage.

Sie bringen ansonsten Ihre eigene Person mit einem Negativthema in Verbindung und lenken den Fokus des Gesprächspartners darauf. Würden Sie denn gerne mit einem erfolglosen Verkäufer Geschäfte machen oder einen Verlierer in Ihrem Unternehmen einstellen?

Negativbewertungen tragen oft etwas Anklagendes in sich oder haben das Ziel, die Verantwortung für den momentanen Zustand auf andere abzuwälzen: Die wirtschaftliche Lage, die Politik, die schlechte Zahlungsmoral oder die fehlende Zeit sind für die Misere verantwortlich, aber doch nicht man selbst ...

Diese Strategie ist zwar weit verbreitet, aber nicht karrierefördernd. Möchten Sie mit jemandem zusammenarbeiten, der die Schuld ausschließlich bei den anderen sucht?

Das soll umgekehrt aber nicht bedeuten, dass Sie künftig alles rosarot beschönigen müssen. Meiden Sie einfach von sich aus negative Themen und lenken Sie nicht das Gespräch in diese Richtung.

Führt der Gesprächspartner dorthin und Sie werden z.B. im Vorstellungsgespräch nach einer Einschätzung der momentanen Arbeitsmarktsituation gefragt, dann sollten Sie anstatt einer negativen lieber eine neutrale Bewertung formulieren.

→ ***Praxis*tipp**

Über Krankheiten, persönliche Schicksale und Themen, die Sie tiefer bewegen, sollten Sie sich nur mit Menschen austauschen, zu denen Sie eine engere zwischenmenschliche Beziehung pflegen. Geschäftliche Kontakte sind dafür in der Regel nicht das geeignete Forum.

6.7 Sprachliches Ausdrucksvermögen und Schlagfertigkeit

Befragt man Teilnehmer von Präsentations- und Rhetoriktrainings, womit sie selbst noch am wenigsten zufrieden sind, dann werden auch von erfahreneren Rednern oft sprachliches Ausdrucksvermögen und Schlagfertigkeit genannt. Wer möchte nicht eine Rede aus dem Stegreif brillant formulieren und auf alle Einwände souverän und schlagfertig kontern können. Redegewandtheit und hohe Eloquenz werden manchmal fast als Statussymbol gehandelt, denn die meisten Menschen assoziieren damit hohe Bildung. Der Wunsch, als möglichst eloquent und schlagfertig wahrgenommen zu werden, ist daher sehr gut nachvollziehbar. Einen nachweisbaren Zusammenhang zwischen diesen Faktoren gibt es jedoch nicht.

Sicher gibt es hier wie in allen Bereichen natürlich auch Naturtalente, denen es sehr leicht fällt, spontan und präzise zu formulieren und die Botschaft genau auf den Punkt zu bringen. Doch bei vielen eloquenten Persönlichkeiten stellt man fest, dass die hohe Sprachkompetenz durch jahrelange Übung in der Praxis erworben wurde. Wer ständig verbal präsentieren und kommunizieren muss, bildet diese Fähigkeit zwangsläufig besser aus. Fakt ist also, dass Redegewandtheit und Schlagfertigkeit trainierbar sind. Der einmalige Besuch eines Rhetorikseminars ist hierfür allerdings noch nicht ausreichend. Wer den Anspruch hat, Profi zu werden, muss regelmäßig üben. Nutzen Sie Alltagssituationen, um Ihr sprachliches Ausdrucksvermögen und Ihre Schlagfertigkeit zu trainieren. Gut geeignet sind dafür Situationen, bei denen Sie Ihre persönliche Komfortzone verlassen müssen – z. B. eine spontan anberaumte Präsentation, auf die Sie sich nicht mehr generalstabsmäßig vorbereiten können. Kommunikationssituationen, auf die Sie sich dagegen mit langer Vorlaufzeit perfekt vorbereiten, sind hierfür wenig zielführend.

→ Übung 17
„Sprechdenken"

Ihre Aufgabe besteht darin, ohne jegliche Vorbereitungszeit spontan eine einminütige Rede zu einem vorgegebenen Stichwort, z.B. „Bildschirmarbeitsplatz", zu halten. Lange Pausen und Fülllaute („Ähs") sollten dabei vermieden werden. Durch diese Übung wird die Fähigkeit, spontan zu formulieren, trainiert – und damit die Redegewandtheit und Schlagfertigkeit gefördert. Sie können „Sprechdenken" alleine oder mit einem bzw. mehreren Übungspartnern durchführen. Die Übung lässt sich übrigens auch als amüsantes Partyspiel nutzen.

- → *Durchführung zu zweit: Ihr Übungspartner ruft Ihnen ein Stichwort (Substantiv) zu, auf das Sie reagieren.*
- → *Durchführung alleine: Fahren Sie bei geschlossenen Augen mit dem Finger über einen Text (Buch, Zeitung, Zeitschrift) und halten Sie an einer beliebigen Stelle an. Sollte es sich bei dem ausgewählten Wort nicht um ein Substantiv handeln, dann nehmen Sie einfach das nächstgelegene.*

→ Zusammenfassung

- ✓ Mit den richtigen sprachlichen Inhalten unterstützen Sie ein positives Image.
- ✓ Formulieren Sie chancenorientiert, nicht defizitorientiert, d.h., sagen Sie, was möglich ist, und lamentieren Sie nicht über das, was nicht geht.
- ✓ Eine dynamische Persönlichkeit, die ihr Leben selbst in die Hand nimmt, untermauern Sie mit aktiven Satzkonstruktionen. Man wurde nicht jemand durch andere, sondern Sie haben sich selbst zu etwas gemacht und sind der Drehbuchautor Ihres Lebens.

- Signalisieren Sie Fachkompetenz mit dem wohldosierten Gebrauch von Fachvokabular im entsprechenden Rahmen. Achten Sie beim Einsatz von Fremdwörtern und spezifischen Begriffen immer auf den Kenntnisstand Ihrer Gesprächspartner. Niemand will gelangweilt oder überfordert werden.
- Sprachliches Verständnis erreichen Sie durch Einfachheit, strukturiertes Vorgehen und Prägnanz. Oftmals ist weniger mehr.
- Durch gehirngerechte Sprache unterstützen Sie eine höhere Aufmerksamkeit. Zielen Sie auf alle Aufnahmekanäle, indem Sie sprachlich Bilder malen, Metaphern nutzen oder Kurzgeschichten präsentieren.
- Sooft es geht: Formulieren Sie positiv und vermeiden Sie Negativthemen!
- Redegewandtheit und Schlagfertigkeit sind trainierbar. Eine gute Übung dafür ist das „Sprechdenken“.

7 Erfolgsfaktor Verhalten: Professioneller Umgang mit Kommunikationspartnern

Dieses Kapitel beschäftigt sich mit positivem Verhalten. Dabei werden Sie an verschiedenen Stellen auf bereits Bekanntes aus den vorangegangenen Kapiteln treffen. Denn durch Körpersprache, Stimme und inhaltliche Botschaften entsteht – in unterschiedlichen Kombinationen – entsprechendes Verhalten.

In jedem Augenblick verhalten Sie sich „irgendwie". Entsprechend des von Paul Watzlawick aufgestellten Axioms kann man nicht nicht kommunizieren und genauso wenig sich nicht nicht verhalten. Die Anzahl der verschiedenen Verhaltensmöglichkeiten ist daher unerschöpflich. Wir werden uns speziell mit vier Verhaltensbereichen beschäftigten, die für den beruflichen Alltag relevant sind und außerdem auf die persönliche Wirkung großen Einfluss haben. Es handelt sich dabei um:

- Raumverhalten
- Zeitverhalten
- Begrüßungs- und Verabschiedungsverhalten
- Gesprächsverhalten

7.1 Raumverhalten

Das Raumverhalten beschreibt, wie wir uns im Raum bewegen, wie viel wir davon einnehmen, unser Territorium abstecken und welchen Abstand wir anderen Personen gegenüber wahren. Der Umgang mit Raum und Distanz wirkt sich daher unmittelbar auf die persönliche Außenwirkung aus.

Beim Betreten und Durchqueren eines Saales nehmen selbstbewusste Personen gerne den Weg durch die Raummitte und wählen einen zentralen Standort. Weniger sichere bewegen sich lieber unauffällig an der Seite entlang und suchen einen Platz im hinteren bzw. äußeren Bereich.

Den Eindruck von Souveränität können Sie also dadurch beeinflussen, wie Sie einen Raum betreten und wo Sie sich platzieren. Selbstverständlich spielen in diesem Zusammenhang auch die körpersprachlichen Merkmale Gang und Haltung eine große Rolle.

Welche Nähe Sie zu Ihren Mitmenschen einnehmen dürfen, hängt einerseits vom Anlass und andererseits von der Beziehung zur jeweiligen Person ab. Die folgende Übersicht zeigt Ihnen in Anlehnung an die Raumdistanzzonen nach Cole, welche Abstände angemessen sind.

Zone	Distanz	Personen/Anlässe
Intime Zone	bis 60 cm	Partner, Familienmitglieder, enge Freunde
Persönliche Zone	60–120 cm	gute Bekannte, Kollegen
Gesellschaftliche Zone	120–220 cm	Geschäftspartner, Verkäufer, Kunden, Partygäste
Offizielle Zone	220–360 cm	unbekannte Passanten, Personen, mit denen wir kein persönliches Gespräch beabsichtigen
Öffentliche Zone	ab 360 cm	Redner vor einem Publikum, bei öffentlichen Auftritten

Die Distanzzonen zu unseren Mitmenschen

Die Distanzzonen haben sich aufgrund möglicher Gefahren des Menschen durch seine Umgebung evolutionär entwickelt und sind je nach Kulturkreis unterschiedlich.

Wer unberechtigt in den intimen Radius (< 60 cm) eines anderen Menschen eindringt, erzeugt damit automatisch ein unangenehmes Gefühl. Um nicht aufdringlich zu wirken, sollten Sie daher die entsprechende Distanz wahren und Berührungen (mit Ausnahme des Händedrucks zur Begrüßung) vermeiden.

UM SICH AUF DEM BUSINESSPARKETT STILSICHER ZU BEWEGEN, IST ES EMPFEHLENSWERT, DIE UNGESCHRIEBENEN TERRITORIALEN GESETZE ZU BEHERZIGEN. WER DAS HOHEITSGEBIET ANDERER VERLETZT, SAMMELT MINUSPUNKTE, WER ES RESPEKTIERT, GEWINNT AN SYMPATHIE.

Wenn Sie in das Büro eines Geschäftspartners oder Vorgesetzten kommen, sollten Sie erst nach Aufforderung vollständig eintreten und sich erst setzen, nachdem Ihnen ein Platz angeboten wurde. Sie signalisieren damit, dass Sie die Spielregeln beherrschen und höflich sind. Zu forsches Auftreten kann als Grenzüberschreitung gewertet werden.

Kommunizieren Sie an einem Besprechungstisch, dann legen Sie Unterlagen nur auf Ihrer Tischhälfte ab und vermeiden Sie es, mit den Händen die Tischmitte zu überschreiten, da Sie sonst das Gebiet des Gesprächspartners verletzen.

Als besonders sensibles Territorium gilt der Schreibtisch, dort befinden sich berufliche und persönliche Utensilien, die manchmal wie Insignien in einer bestimmten Reihenfolge angeordnet sind. Findet ein Gespräch an einem fremden Schreibtisch statt, dann vermeiden Sie es, Gegenstände zu berühren, zu verrücken oder einfach etwas auf den Tisch zu legen. Wenn Sie mit Unterlagen arbeiten, dann fragen Sie erst nach, wo Sie diese ablegen dürfen.

7.2 Zeitverhalten

Der Umgang mit der Zeit anderer berührt ebenso das persönliche Territorium wie das Raumverhalten. Wer sorglos mit der Zeit anderer umgeht, bringt damit einen gleichgültigen, verschwenderischen Umgang mit fremdem Gut zum Ausdruck. Zeit ist Geld, und wer Zeit verliert, büßt Freiraum ein.

„Pünktlichkeit ist die Höflichkeit der Könige“, dies gilt heute genauso wie früher. Doch Termintreue und Pünktlichkeit bedeuten heutzutage noch weit mehr, nämlich den verantwortungsvollen Umgang mit wertvollen Ressourcen. Wenn Sie auf ein zuverlässiges, vertrauenswürdiges Image Wert legen, ist Pünktlichkeit dafür eine Grundvoraussetzung. Menschen, die es mit der Zeit nicht so genau nehmen, kommen schnell in den Ruf, auch in anderen Bereichen nicht sehr zuverlässig zu sein.

An dieser Stelle ist der Halo- oder Überstrahlungseffekt am Werk: Eine negative Beobachtung kann zu dem Generalurteil führen, es mit einem unzuverlässigen Menschen zu tun zu haben. Auch die umgekehrte Wirkung funktioniert: Pünktliche Menschen werden auf anderen Gebieten häufig als zuverlässig eingeschätzt, selbst wenn es dazu gar keine konkreten Erfahrungen gibt.

Ähnlich wie bei den Raumdistanzzonen gibt es auch zeitliche Zonen, die eine Orientierung für den Umgang mit der Zeit anderer Personen bieten:

Zeitliche Zone	Akzeptierte Dauer	Besonderheiten
Intime Zeit	individuell	**Zeit für sich selbst, Partner und Familie;** eine Verletzung entsteht, wenn z.B. Bekannte ihren Besuch zu lange ausdehnen und Signale des Gastgebers nicht erkennen
Persönliche Zeit	15–30 Min.	**Zeit für wichtige Anliegen,** z.B. berufliche Gespräche mit vorheriger Terminvereinbarung (Mitarbeiter-, Kunden-, Vorstellungsgespräche) oder Wartezeit, die bei einem Arztbesuch als akzeptabel empfunden wird
Soziale Zeit	2–15 Min.	**Zeit für weniger wichtige Anliegen**, beruflich z.B. für Gespräche bzw. Telefonate, privat z.B. für Routineeinkäufe, Nachbarschaftsplausch usw.
Öffentliche Zeit	< 2 Min.	**Zeit für Mini-Anliegen oder fremde Personen**, z.B. Ansprechen eines Kollegen auf dem Gang oder Frage eines Passanten nach dem Weg oder der Uhrzeit

Zeitzonen für den Umgang mit anderen

Kennen Sie Menschen, die einem sprichwörtlich die Zeit stehlen? Solche „Zeitgenossen“ begleitet ein negatives Image. Um erst gar nicht in Verdacht zu geraten, Gesprächspartnern Zeit rauben zu wollen, sollten Sie für berufliche Gespräche folgende Punkte beachten:

- Vereinbaren Sie für wichtige Anliegen Termine und teilen Sie Ihrem Gesprächspartner mit, um welches Thema es geht.
- Bereiten Sie sich auf das Gespräch vor, sodass Sie alle erforderlichen Informationen bzw. Unterlagen parat haben.
- Klären Sie zu Beginn ab, wie viel Zeit zur Verfügung steht.
- Tragen Sie Ihre Informationen strukturiert vor.
- Fassen Sie sich so kurz wie möglich und so ausführlich wie nötig (Gesprächsanteile über eine Minute wirken langatmig).
- Verzichten Sie auf überflüssige Details, weniger ist oft mehr.
- Achten Sie auf Signale Ihres Gesprächspartners, die auf Zeitdruck hindeuten, und fragen Sie im Zweifelsfall konkret nach.

7.3 Begrüßungs- und Verabschiedungsverhalten

Wenn wir uns einer fremden Person vorstellen, entsteht bei der Begrüßung der erste Eindruck. Ob man als sympathisch wahrgenommen wird, entscheidet sich in den ersten Sekunden und kann für den weiteren Verlauf der Beziehung erfolgsentscheidend sein.

Als allgemein gültiges Begrüßungsritual ist in unserem Kulturkreis der Handschlag üblich. Achten Sie bei der Begrüßung auf Blickkontakt und ein freundliches Lächeln.

Nennen Sie Ihren eigenen Vor- und Nachnamen, nur den Nachnamen zu nennen wirkt abgehackt und nicht besonders sympathisch. Ein Titel oder akademischer Grad sollte bei der eigenen Vorstellung nicht erwähnt werden. Prägen Sie sich den Namen Ihres Gesprächspartners ein, damit Sie ihn im weiteren Verlauf auch namentlich ansprechen können.

Wenn Sie sitzen und eine Person auf Sie zukommt, gehört es zum guten Ton, zur Begrüßung aufzustehen. Befinden Sie sich hinter Ihrem Schreibtisch, dann ist es besser, um den Tisch herumzugehen, um den Gesprächspartner zu empfangen. So wirkt Ihr Schreibtisch dann nicht mehr als Barriere. Findet die Begegnung in Ihrem Büro statt bzw. sind Sie der Gastgeber, dann bieten Sie dem Besucher einen Sitzplatz an.

Da der Handschlag das wesentliche körpersprachliche Merkmal bei der Begrüßung darstellt und die körpersprachlichen Signale zu 55 % Ihre Außenwirkung beeinflussen, sollten Sie beachten: Der Ranghöhere reicht dem Rangniedrigeren zuerst die Hand. Hierfür werden ein bis drei Sekunden als angenehme Dauer empfunden, der Druck sollte gut spürbar sein.

Vermeiden sollten Sie:
- sehr feuchte und kalte Hände,
- langes Schütteln der Hände,
- laschen Handschlag ohne erkennbaren Druck,
- extrem festen Händedruck,
- beide Hände einzusetzen und die Hand des anderen zu umschließen,
- den Gesprächspartner während des Händedrucks mit der anderen Hand an Schulter oder Arm zu berühren.

Als unhöflich gilt:
- eine gereichte Hand abzulehnen und den Handschlag nicht zu erwidern,
- fehlender Blickkontakt,
- sich während des Händedrucks mit anderen Personen zu unterhalten.

→ *Praxis*tipp

Ein lascher Händedruck wird als Zeichen von Durchsetzungsschwäche bewertet. Menschen mit zu leichtem Händedruck sind sich dieser Schwachstelle oft selbst nicht bewusst. Bitten Sie deshalb vertraute Personen um eine ehrliche Einschätzung, damit Sie wissen, wie Ihr Handschlag ankommt.

Am Ende einer Begegnung folgt die Verabschiedung, die Ihnen die Chance gibt, das Bild von sich abzurunden und einen abschließenden positiven Eindruck zu hinterlassen. Hier gelten im Prinzip ähnliche Spielregeln wie für die Begrüßung: Erheben Sie sich von Ihrem Platz, verabschieden Sie sich per Handschlag, danken Sie für das Gespräch und begleiten Sie Ihren Besucher bis zur Tür.

7.4 Gesprächsverhalten

Wie möchten Sie als Konversationspartner wahrgenommen werden: lieber als ruhig und zurückhaltend oder als jemand, der in Gesprächen dominiert und viel über sich und seine Erfolge spricht? Weder das eine noch das andere ist ideal!

Viel reden und dick auftragen wird zwar gerne mit guter Selbstpräsentation gleichgesetzt, doch dass dies zu einer positiven Einschätzung der Person führt, ist ein Trugschluss.

ÜBERZOGENES SICH-SELBST-VERKAUFEN UND SEHR HOHE REDEANTEILE IN EINER KONVERSATION WERDEN VON VIELEN MENSCHEN ALS NEGATIV BEWERTET.

Vorteilhafter ist es, wenn ein Dialog, eine wahre Interaktion stattfindet, wo jeder zu Wort kommt, gehört wird und auf den Inhalt des anderen eingegangen wird.

Achten Sie im Gespräch auf eine offene, zugewandte Körperhaltung, auf Blickkontakt und eine freundliche Mimik. Geben Sie dem Kommunikationspartner genügend Raum mitzuteilen, was ihn bewegt. Viele Kommunikationssituationen können sich deshalb nicht richtig entwickeln, weil jede Äußerung von A sofort durch B kommentiert oder mit einer eigenen Erfahrung ergänzt wird.

Im normalen Dialog sollten die Gesprächsanteile insgesamt betrachtet etwa gleich verteilt sein. Nehmen Sie sich aber nicht vor, immer ein 1:1-Verhältnis herstellen zu müssen, es ist ganz normal, wenn phasenweise einer der Gesprächspartner überwiegt. Falls Sie dazu neigen, viel zu reden, dann schrauben Sie Ihr Mitteilungsbedürfnis bewusst zurück, dies gilt insbesondere für die Anfangsphase.

Gute Interaktionspartner sind gleichzeitig aufmerksame Zuhörer. Eine sensible Aufnahmefähigkeit ist Grundvoraussetzung, um Intentionen und Bedürfnisse des Gesprächspartners wahrzunehmen.

Wir Menschen sind in der Lage, siebenmal schneller zu denken als zu sprechen, daher ist die Gefahr groß, beim Zuhören mit den eigenen Gedanken abzuschweifen oder schon fünf Schritte vorauszudenken und sich somit die Antwort des Gegenübers selbst zu konstruieren. Nutzen Sie die Zeit besser, indem Sie genau hinhören. Seien Sie präsent!

Zeigen Sie durch Nachfragen, dass Sie den Ausführungen folgen. Wer gute Fragen stellt, zeigt Interesse am Gesprächspartner, übernimmt die Gesprächssteuerung, erhält Informationen und kann sich darüber hinaus auf sein Gegenüber besser einstellen.

Bei Verhandlungs- und Verkaufsgesprächen sind Fragen überhaupt der wichtigste Schlüssel, um den Bedarf eines Geschäftspartners abzuklären.

→ ***Praxis*tipp**

Sprechen Sie Ihren Gesprächspartner ab und zu namentlich an. Der Klang des eigenen Namens wird von jedem gerne gehört, und Sie zeigen dadurch, dass Sie sehr aufmerksam sind und sich den Namen bei der Vorstellung gemerkt haben. Übertreiben Sie hierbei nicht. Insgesamt sollten Sie den Namen nicht öfter als dreimal im kurzen Gespräch verwenden.

Zum aktiven Zuhören gehört neben dem bereits erläuterten Nachfragen das Rückmelden an den Gesprächspartner. Durch körpersprachliche Bestätigungssignale wie Kopfnicken oder verbale Signale wie „mhm", „hmm" oder „aha" geben Sie Ihrem Gegenüber Feedback, dass seine Botschaft bei Ihnen angekommen ist.

Eine weitere Möglichkeit der Rückmeldung besteht darin, das Gesagte aufzugreifen und mit eigenen Worten kurz zu spiegeln, ohne selbst etwas Neues hinzuzufügen.

> → „Wenn ich Sie richtig verstanden habe, dann ...“
> → „Sie meinen also, dass ...“

Vermeiden Sie im Gespräch folgende Verhaltensweisen, da Sie dadurch Desinteresse am Gesprächspartner signalisieren:

- → im Raum umherschweifender Blick
- → Zeichen von Unruhe, wie Klopfen mit den Fingern oder dem Stift
- → Blättern in Unterlagen
- → Annehmen von Telefonaten oder Lesen von SMS
- → übertriebene Bestätigungssignale (z.B. ständiges „mhm mhm“)

→ Zusammenfassung

- ✓ Positives Verhalten geht mit professioneller Kommunikation einher.
- ✓ Der Umgang mit Raum und Distanz ermöglicht Rückschlüsse auf Ihre Einstellung und Persönlichkeit.
- ✓ Ein angemessenes, situationsabhängiges Abstandsverhalten zum Gesprächspartner ist ein Gebot der Höflichkeit und ein Zeichen des Respektes.
- ✓ Wer anderen die Zeit stiehlt, egal ob durch Unpünktlichkeit oder schlechte Vorbereitung zu einem vereinbarten Termin, gilt als wenig professioneller Zeitgenosse.
- ✓ Nehmen Sie bei Begrüßungs- oder Verabschiedungssituationen immer Blickkontakt auf, stehen Sie auf und nutzen die Gelegenheit zur persönlichen Ansprache mit dem Namen. Der erste und der letzte Eindruck zählen!
- ✓ Gute Konversationspartner reden nicht nur, sondern sind genauso gut im Zuhören. Verbales und nonverbales Feedback sowie zugewandte Körpersprache signalisieren Interesse und unterstützen das aktive Zuhören.

✓ Nehmen Sie sich als Verkäufer oder Berater besonders viel Zeit für eine genaue Bedarfsanalyse. Durch Fragen erfahren Sie nicht nur mehr, sondern können damit auch gut das Gespräch steuern.

8 Erfolgsfaktor Einstellung und mentale Stärke

8.1 Von der Einstellung zum Gesamteindruck

Bei den bislang erwähnten Erfolgsfaktoren handelte es sich in erster Linie um die sichtbare Seite Ihrer Selbstpräsentation. Die Wechselwirkung zwischen innerer Einstellung und äußerer Darstellung wurde aber in den vorherigen Kapiteln bereits mehrfach erwähnt. Wenn Sie ausschließlich an äußeren Faktoren arbeiten, schöpfen Sie nur einen Teil Ihrer Ressourcen aus.

Das wäre genauso, als würden Sie sich bei der Renovierung eines Hauses auf die Fassade beschränken und innen alles beim Alten belassen: Die Betrachter des Gebäudes würden im ersten Moment zwar die schöne Außenfassade bewundern, wären dann aber umso enttäuschter, wenn sie die Tür öffnen. Der eleganteste Anzug nützt also wenig, wenn der Träger kein positives Bild von sich selbst hat.

Eine authentische und überzeugende Selbstpräsentation entsteht erst dann, wenn innere und äussere Haltung übereinstimmen.

Hierzu eine kleine Begebenheit, die durch mehrere Quellen überliefert ist und als „Francis Galtons famous walk" bekannt wurde. Galton – ein Vetter Darwins – gilt als Mitbegründer der modernen Erblehre und als der Entdecker des individuellen Fingerabdrucks.

Ende des 19. Jahrhunderts machte der englische Wissenschaftler Francis Galton einen Selbstversuch zur Wirkung der persönlichen Einstellung. Vor seinem Morgenspaziergang stellte er sich ganz intensiv vor: „Ich bin der meistgehasste Mensch Englands!" Er konzentrierte sich so lange auf diese ausgesprochen negative Vorstellung, bis er selbst davon felsenfest überzeugt war, und begab sich dann wie gewohnt auf den Weg.

Während dieses Spaziergangs ereigneten sich folgende Besonderheiten:

- Mehrere Passanten wichen Galton mit Gebärden der Abneigung aus und einige Leute beschimpften ihn sogar.
- Im Vorbeigehen wurde er von einem Hafenarbeiter mit dem Ellbogen angerempelt und fiel hin.
- Als er an einem Droschkengaul vorüberging, schlug dieser aus, sodass er noch einmal zu Boden stürzte.

- Es bildete sich daraufhin eine Menschenansammlung und die Umherstehenden ergriffen sogar Partei für das Pferd.

Daraufhin entschloss sich Galton, den Morgenspaziergang abzubrechen, und flüchtete auf schnellstem Wege in seine Wohnung.

Aus diesem Beispiel lassen sich zwei entscheidende Erkenntnisse ableiten: Der Mensch ist, was er denkt.

Es ist nicht erforderlich, die innere Einstellung ausdrücklich mitzuteilen, unsere Mitmenschen erkennen sie auch ohne Worte.

Die Selbstpräsentation ist ein Spiegel der eigenen Einstellung, sowohl ein negatives als auch ein positives Selbstbild überträgt sich durch bestimmte Nuancen nach außen.

Stimme und Körpersprache sind nur begrenzt steuerbar. Je nach Gefühlslage können sich beide Faktoren mehr oder weniger der bewussten Steuerung entziehen.

Besser kontrollierbar dagegen bleibt die inhaltliche Ebene, also was wir sagen. Aber dieser Aspekt macht wie erwähnt eben nur etwa sieben Prozent der persönlichen Wirkung aus.

Werden über die verschiedenen Kanäle – Körpersprache, Stimme, Inhalt – widersprüchliche Informationen gesendet, wirkt die Person wenig überzeugend oder inkongruent. Kongruenz entsteht erst dann, wenn auf allen Frequenzen die gleiche Botschaft gesendet wird.

EINE POSITIVE INNERE HALTUNG IST DAHER DIE WICHTIGSTE GRUNDVORAUSSETZUNG FÜR EINE NACHHALTIG POSITIVE SELBSTPRÄSENTATION.

8.2 Vorannahmen und Glaubenssätze

Im Alltag wird sich kein normaler Mensch vorsätzlich für die meistgehasste Person halten. Ganz im Gegenteil, die meisten sind bewusst um einen positiven Auftritt bemüht. Doch das Wollen allein ist dafür nicht ausreichend, noch wichtiger ist es, daran zu glauben.

Sicher wollen auch Sie eine vorteilhafte Wirkung erzielen, doch welche inneren Überzeugungen hegen Sie hinsichtlich Ihrer Selbstpräsentation? Kennen Sie solche Gedanken?

- *„Ich schaffe es nie, im Gespräch auf Anhieb zu überzeugen."*
- *„Wenn ich den Raum betrete, werden mich bestimmt gleich alle anstarren und irgendetwas Komisches über mich denken."*
- *„Andere können sich viel vorteilhafter darstellen."*
- *„Ich darf jetzt bloß nicht auffallen."*

- *„Eigenlob stinkt."*
- *„Ich kann vor Gruppen nicht sprechen."*

Solche Vorannahmen oder Überzeugungen werden auch als Glaubenssätze bezeichnet. Sie drücken aus, was Sie über sich selbst oder Ihre Umwelt glauben.

Wo steht geschrieben, dass genau Sie beispielsweise nicht vor einer Zuhörergruppe überzeugend auftreten können? Sofern Sie nicht stumm sind, haben Sie die gleichen Voraussetzungen wie alle anderen Menschen, um vor Gruppen sprechen zu können.

Obwohl negative Überzeugungen oft jeder rationalen Grundlage entbehren, sind sie in unserem Unterbewusstsein so tief verwurzelt wie unumstößliche Naturgesetze und entfalten dort ihre Wirkung. Diese Glaubenssätze sind wie Befehle unseres geistigen Betriebssystems, die automatisch ausgeführt werden – unabhängig davon, ob sie sinnvoll sind oder nicht.

Man spricht dabei vom Effekt der „selbsterfüllenden Prophezeiung": Ganz egal ob Sie davon überzeugt sind, dass Ihnen etwas gelingt, oder ob Sie daran glauben, dass es Ihnen nicht gelingt – in den meisten Fällen wird es genau wie vorher erwartet eintreffen. Da unser Unterbewusstsein die Tendenz hat, nach einer Bestätigung zu suchen, setzt es genau die Dinge in Gang, die notwendig sind, um eine bestimmte Annahme wahr zu machen.

Wenn Sie von vornherein an der Möglichkeit zweifeln, überhaupt vorteilhaft auf andere Menschen wirken zu können, begünstigen Sie allein dadurch eine negative Außenwirkung. Einschränkende Glaubenssätze können sich daher als versteckte Erfolgsverhinderer entpuppen.

Wie kommt es dazu, dass sich negative Vorannahmen und Glaubenssätze in unserem Geist einbrennen? Mögliche Ursachen dafür sind:

- schlechte Erfahrungen (häufig nur ein einzelnes Erlebnis, das ein schlechtes Gefühl erzeugte)
- Vorbilder im eigenen Umfeld (z.B. unbewusste Übernahme elterlicher Einstellungen, ohne diese zu hinterfragen)
- Suggestionen aus der Umwelt (z.B.: *„Das kannst du nicht!"*)
- Autosuggestion (z.B. sich selbst ständig einreden: *„Ich schaff das nicht!"*)

Wenn Sie die folgenden Schritte bearbeiten, können Sie die „Bremsklötze" Ihrer optimalen Persönlichkeitsentfaltung unschädlich machen:

1. Sich negative Glaubenssätze bewusst machen

Notieren Sie sich alle einschränkenden Überzeugungen in Bezug auf Ihre Selbstpräsentation. Da diese meist nicht sofort präsent sind, sollten Sie etwas Geduld mitbringen und sich dafür Zeit nehmen. Einschränkende Glaubenssätze tragen etwas Limitierendes in sich und sind daher häufig verknüpft mit „Ich kann nicht ..." oder „Ich muss ..."

> „Ich kann vor Gruppen nicht sprechen."

2. Ursachen identifizieren

Hinterfragen Sie, wie es zu dieser Überzeugung gekommen sein könnte. Oft taucht dabei sofort eine bestimmte Person oder Situation auf, die an der Entstehung beteiligt war. Sollten Sie jedoch keine schlüssige Ursache identifizieren können, belassen Sie es dabei.

> Ein unangenehmes Gefühl und negative Bewertung nach einem missratenen Schulreferat.

3. Positive Absicht ermitteln

Suchen Sie nach der guten Absicht, die der Glaubenssatz verfolgt. Auch wenn es zunächst unlogisch klingt, so ist jeder einschränkende Glaubenssatz irgendwann aus einer positiven Intention heraus entstanden (z.B. Vermeidung eines schlechten Gefühls oder Vermeidung von Ablehnung).

Handelt es sich um eine Überzeugung, die Sie von einer anderen Person übernommen haben, dann fragen Sie sich, was wohl die positive Absicht des Urhebers gewesen sein könnte.

> Vermeidung des schlechten Gefühls und der Kritik durch künftige Umgehung ähnlicher Situationen (Präsentationen, Vorträge, Referate).

4. Neue Überzeugungen entwickeln

Die effektivste Möglichkeit, einen einschränkenden Glaubenssatz abzulegen, besteht darin, ihn durch einen neuen, positiven zu ersetzen. Entwickeln Sie schriftlich eine neue positive Überzeugung, die Sie anstatt der alten künftig verinnerlichen möchten. Gehen Sie davon aus, dass grundsätzlich alles möglich ist. Verwenden Sie dabei unbedingt positive Formulierungen und verzichten Sie auf Verneinungen. Die Sätze müssen kurz und leicht einprägsam sein.

> Schlechte Beispiele für einen neuen Glaubenssatz:
> - → Ich habe keine Angst mehr, vor Gruppen zu sprechen
> - → Präsentationen werden mir nicht mehr unangenehm sein.
>
> Gutes Beispiel für einen neuen Glaubenssatz:
> - → In Präsentationen strahle ich Souveränität und Überzeugungskraft aus.

5. Alte Überzeugungen ablegen

Trennen Sie sich bewusst von Ihren einschränkenden Überzeugungen. Streichen Sie die alten Glaubenssätze bildhaft mit einem dicken Stift durch oder vernichten Sie symbolisch das Blatt, indem Sie es zerschneiden oder verbrennen. Stellen Sie sicher, dass Sie vorher für jeden Glaubenssatz, den Sie ablegen wollen, in Schritt 4 bereits einen neuen positiven entwickelt haben.

6. Neue Glaubenssätze verinnerlichen

Prägen Sie sich Ihre neuen Überzeugungen gerade am Anfang ganz bewusst ein und wiederholen Sie diese öfters. Hängen Sie sich dazu beispielsweise Kärtchen mit Ihren neuen Glaubenssätzen in Ihrer Wohnung oder Ihrem Büro auf. Stellen Sie sich morgens und abends zwei Minuten vor den Spiegel und sprechen Sie sich Ihr neues Motto laut vor. Nutzen Sie kleine Wartezeiten im Alltag (z.B. vor dem Aufzug oder an der Bushaltestelle), um sich Ihre positiven Überzeugungen kurz ins Gedächtnis zu rufen.

Hier ein paar Beispiele für vorteilhafte Glaubenssätze, die eine positive Selbstpräsentation unterstützen:

- *„In Gesprächen gelingt es mir, kompetent und überzeugend aufzutreten."*
- *„Ich kann es mir erlauben, meine Leistungen selbstbewusst zu kommunizieren."*
- *„Ich strahle Offenheit und Souveränität aus."*
- *„Ich wirke auf andere Menschen sympathisch und aufgeschlossen."*
- *„Ich freue mich über meine positive Wirkung auf andere Menschen."*
- *„Ich kann mich vorteilhaft vor anderen präsentieren."*

→ Übung 18
„Glaubenssätze ändern"

Notieren Sie zunächst alle einschränkenden Überzeugungen in Bezug auf Ihre Selbstpräsentation. Entwickeln Sie dann zu jedem hinderlichen Glaubenssatz die neue positive Überzeugung, mit der Sie die einschränkende künftig ersetzen möchten. Gehen Sie dabei so vor wie im vorherigen Abschnitt beschrieben.

Einschränkender Glaubenssatz	*Neuer, förderlicher Glaubenssatz*

8.3 Einstellung und Erwartungshaltung anderen gegenüber

Im vorangegangenen Abschnitt ging es darum, einschränkende Einstellungen in Bezug auf die eigenen Fähigkeiten zu identifizieren. Genauso kontraproduktiv sind jedoch bestimmte Erwartungshaltungen gegenüber unseren Mitmenschen und unserer Umwelt.

Gibt es bestimmte Gesprächspartner, gegen die Sie gewisse Vorbehalte hegen oder denen Sie am liebsten aus dem Weg gehen würden? Welche Situationen erscheinen Ihnen schon im Vorfeld unangenehm?

- *„Der Personalchef will mich im Vorstellungsgespräch bestimmt auseinandernehmen."*
- *„Der Kunde wird es doch wieder nur darauf anlegen, den Preis zu drücken."*
- *„Eigentlich habe ich gar keine Lust auf die Veranstaltung, sicher sind nur Langweiler dort."*
- *„Der Verhandlungspartner ist mir eh nicht gewachsen, den werde ich über den Tisch ziehen."*

Vorannahmen über andere Menschen wirken ebenfalls wie „selbsterfüllende Prophezeiungen": Eine negative innere Einstellung gegenüber einem Gesprächspartner wird sich unbewusst in unserem Verhalten äußern. Unser Gegenüber kann diese Haltung intuitiv wahrnehmen, was wiederum sein Verhalten uns gegenüber beeinflusst.

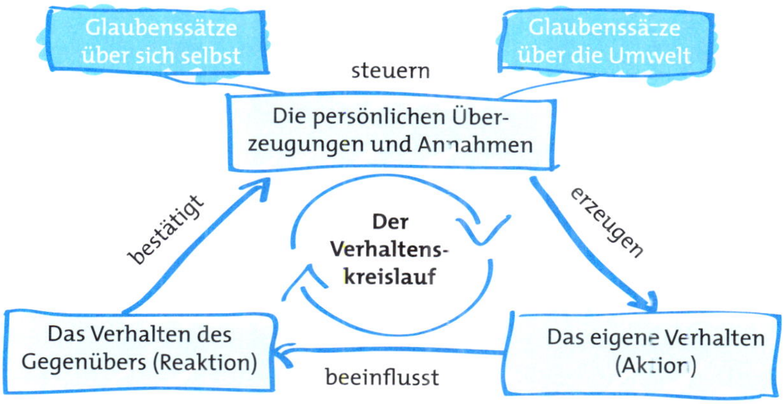

Der sich verstärkende Verhaltenskreislauf

Gewöhnen Sie sich an, allen Kommunikationspartnern mit einer wertschätzenden inneren Einstellung gegenüberzutreten. Unterstellen Sie Ihrem Gegenüber ebenfalls positive Absichten. Sehen Sie jede Begegnung als Chance für bereichernde Erfahrungen.

Eine solche innere Haltung wird sich auf ihre Außenwirkung übertragen und schafft die wichtigste Basis für gute Kommunikation.

Zugegeben, es gibt Personen, bei denen es schwerfällt, diese Haltung einzunehmen, besonders dann, wenn die Beziehung durch negative Ereignisse vorbelastet ist. Gerade hier bietet die Änderung der eigenen Sichtweise aber die Möglichkeit, einen besseren Draht zu diesen Menschen herzustellen.

Wenn es für Sie schwierig ist, über eine bestimmte Person wohlwollend zu denken, kann Sie die Beantwortung folgender Fragen dabei unterstützen:

- Welche positiven Absichten könnte derjenige mit seinem Verhalten verfolgen?
- In welchen Teilbereichen vollbringt diese Person gute Leistungen oder ist sogar vorbildlich darin?
- Welche guten Seiten hat dieser Mensch, die ich bisher zu wenig berücksichtigt habe?

8.4 Mentaltraining

Der Begriff Mentaltraining wird fälschlicherweise manchmal mit esoterischen oder spirituellen Praktiken in Verbindung gebracht. Stattdessen geht es darum, bestimmte Verhaltensweisen in der eigenen Vorstellung zu trainieren. Das Verändern bestimmter Überzeugungen und Glaubenssätze, wie in den vorherigen Abschnitten beschrieben, ist bereits eine Form der mentalen Bearbeitung. Eine weitere Möglichkeit besteht im so genannten Visualisieren: Hier erzeugen Sie in Ihrer Vorstellung

Bilder und Szenen und spielen geistig Situationen durch, in denen Sie Ihr Verhalten optimieren möchten. Spitzensportler nutzen diese Trainingsmethode schon seit Jahren mit sehr guten Erfahrungen.

Im Prinzip handelt es sich hierbei um eine Art Rollenspiel, das Sie vielleicht auch aus Seminaren kennen. Der Unterschied besteht darin, dass sich die Bühne in Ihrem Kopf befindet und Sie mit den Bildern Ihrer Vorstellungskraft arbeiten. Dabei agieren Sie abwechselnd als Beobachter, als Hauptdarsteller und als Regisseur.

→ ***Praxis**tipp*

Beim Visualisieren ist es nicht notwendig, die Wahrnehmung auf bildhafte Vorstellungen zu beschränken; wenn weitere Sinneseindrücke (z.B. Hören, Fühlen) hinzukommen, umso besser.

Zur Verbesserung Ihres Auftrittes können Sie sich diese Technik zunutze machen, indem Sie bestimmte Situationen geistig durchspielen und die entstehenden Eindrücke bewusst werden lassen. Für die Vorbereitung einer Präsentation eignet sich z.B. die folgende praktische Übung.

→ Übung 19

Sie schließen die Augen und stellen sich vor, Sie befänden sich unmittelbar vor Eröffnung der Präsentation. Sie stehen vor Ihrem Publikum, nehmen eine sichere, aufrechte Körperhaltung ein, spüren beide Füße am Boden und atmen noch einmal tief durch. Unter den Zuhörern befinden sich einige bekannte Gesichter, denen Sie freundlich zulächeln. Sie blicken in Richtung der Zuhörer und eröffnen nun die Präsentation mit den Worten …

____

____

____

____

Der Vorteil des Mentaltrainings besteht darin, dass es nahezu immer und überall einsetzbar ist. Es handelt sich um eine Generalprobe in Ihrem Kopf, die Sie selbst als Last-Minute-Vorbereitung noch fünf Minuten vor Beginn der tatsächlichen Präsentation durchführen können.

→ Zusammenfassung

- Sowohl negative als auch positive Gedanken und Gefühle übertragen sich nach außen.
- Wenn die innere Einstellung zur äußeren Haltung passt, entsteht eine authentische Selbstpräsentation.
- Falls Sie mit Ihrer Außenwirkung nicht zufrieden sind, lohnt es sich, nicht nur an den körpersprachlichen „Symptomen" zu arbeiten, sondern auch, Ihre innere Haltung zu hinterfragen.
- Machen Sie sich einschränkende Vorannahmen und Glaubenssätze hinsichtlich Ihrer Selbstpräsentation bewusst. Analysieren Sie ihre Gültigkeit und ihre Entstehung und ersetzten Sie sie durch neue, konstruktive Überzeugungen.
- Vorurteile und Erwartungshaltungen anderen gegenüber beeinflussen die Kommunikation immens. Überdenken Sie diese insbesondere vor wichtigen Gesprächen und suchen Sie Möglichkeiten, positiv vorbereitet hineinzugehen.
- Unabhängig davon, ob Sie eine andere Meinung als Ihr Gesprächspartner vertreten oder nicht: Eine grundsätzlich wertschätzende Einstellung Menschen gegenüber ist unabdingbar für eine eigene gute Selbstpräsentation.
- Mentaltraining kann Ihnen sowohl helfen, an Ihren Einstellungen zu arbeiten, als auch durch Visualisierungsübungen die persönliche Wirkung in konkreten Präsentationssituationen gezielt zu verbessern.

→ Übung 20

Mentalübung mit einem Vorbild

Wenn Sie Ihre Selbstpräsentation in einer konkreten Situation verbessern möchten, können Sie dafür die Mentalübung nutzen. Viele Menschen empfinden es bei der Durchführung einzelner Schritte als hilfreich, die Augen zu schließen, um bildhafte Vorstellungen leichter abzurufen. Halten Sie als Hilfsmittel für diese Übung Papier und Stift griffbereit.

1. Schritt: Situation und Vorbild auswählen
Suchen Sie sich eine bestimmte Situation aus, in der Sie sich eine überzeugendere Selbstpräsentation wünschen, z.B. ein Vorstellungsgespräch oder einen Vortrag. Wählen Sie nun eine bestimmte Person als Vorbild, von der Sie überzeugt sind, dass sie sich in der Situation sehr gut präsentieren würde. Sie können sich hierbei für eine prominente Persönlichkeit genauso wie für eine Person aus Ihrem Umfeld (Kollege, Chef, Freund) entscheiden. Wichtig ist, dass Ihnen diese Person sympathisch ist.

2. Schritt: Vorbild beobachten
Stellen Sie sich nun vor, wie sich Ihr Vorbild in dieser bestimmten Situation verhalten würde. Lassen Sie eine Art Kurzfilm vor Ihrem geistigen Auge entstehen, den Sie als Zuschauer verfolgen. Achten Sie genau auf Körpersprache, Kleidung, Stimme und Wortwahl des Hauptdarstellers. Wiederholen Sie diesen Film zwei- bis dreimal und notieren Sie sich nach jedem Durchgang die wesentlichen Merkmale.

3. Schritt: Sich selbst beobachten
Ersetzen Sie nun in Ihrem Kurzfilm Ihr Vorbild durch sich selbst. Der neue Hauptdarsteller, also Ihre Person, verhält sich dabei genauso wie das Vorbild im vorherigen Film. Sie blicken dabei von außen – aus der Perspektive des Regisseurs – auf die Szene und beobachten sich selbst in der Hauptrolle. Sollte Ihnen der Ablauf an einer Stelle noch nicht überzeugend erscheinen, dann halten Sie den Film an, Sie sind ja schließlich der Regisseur. Korrigieren Sie ggf. Verhalten und Einzelmerkmale des Hauptdarstellers und wiederholen Sie den Film so oft, bis der Eindruck für Sie stimmig ist.

4. Schritt: In die Hauptrolle schlüpfen
Nun spielen Sie die gleiche Szene geistig noch einmal durch, aber Sie erleben sie diesmal aus der Perspektive des Hauptdarstellers. Sie nehmen also die Situation nicht mehr als Regisseur von außen wahr, sondern sind in die Hauptrolle hineingeschlüpft. Stellen Sie sich vor, so zu agieren wie der Hauptdarsteller, den Sie in den vorherigen Schritten beobachtet haben.
Wenn Ihnen das Verhalten noch nicht stimmig erscheint, dann wiederholen Sie diese Szene oder gehen Sie zurück zu Schritt 3, in die Position des Regisseurs.

Wichtig ist, dass Sie am Ende ein für Sie stimmiges Gesamtbild erreichen. Sie sollten also das Gefühl haben, dass Sie die Verhaltensweisen Ihres Vorbildes selbst gut einsetzen können und sich in der Situation sowohl vorteilhaft als auch authentisch präsentieren. Um das gewünschte Ergebnis zu erreichen, kann es erforderlich sein, die Schritte 2–4 mehrmals zu wiederholen.

→ Übung 21
„Wirkung der Vorstellungskraft"

Unterteilen Sie mithilfe eines Kreppbandes einen Raum in vier Bereiche. Ordnen Sie jedem Quadranten einen Ort (siehe Beispiel unten) zu. Wechseln Sie nun von einem Quadranten zum nächsten und versetzen Sie sich an den imaginären Ort. Nehmen Sie dabei die konträren Raumqualitäten wahr und passen Sie Ihren Körperausdruck der jeweiligen Umgebung an.

Beispiele für imaginäre Orte:

Sie drängen sich durch eine überfüllte Flughafenabfertigungshalle und suchen Ihre Begleitung, die Sie in der Menschenmenge verloren haben.	*Sie treten als Stargast auf eine Bühne vor 2.000 Zuschauern. In wenigen Sekunden beginnt Ihr Auftritt.*
Sie gehen an einem traumhaft schönen Sandstrand an einer einsamen Bucht spazieren und bewundern den Sonnenuntergang. Es ist noch angenehm warm.	*Sie stehen an einer zugigen Haltestelle und warten schon seit zehn Minuten auf den Bus. Es ist ungemütlich, kalt und es regnet.*

9 Strategien und Techniken

Dieses Kapitel zeigt vier Möglichkeiten auf, die geeignet sind, Ihre Selbstpräsentation positiv zu beeinflussen. Dabei handelt es sich um

- Eigenwerbung im Berufsalltag,
- die Assoziationsstrategie,
- Pacing
- und die Elevator-Pitch-Technik.

Zum Teil basieren diese Strategien und Techniken auf den vorher beschriebenen Erfolgsfaktoren (Kapitel 3–8). Sie profitieren am meisten davon, wenn Sie sich mit den vorausgegangenen Kapiteln bereits beschäftigt haben.

Zu Beginn dieses Buches haben wir uns mit verschiedenen Imagetypen auseinandergesetzt und Sie haben dabei zwei Tendenzen kennen gelernt: das leistungsstarke/aufgabenorientierte Image und das sympathische/beziehungsorientierte Image. Die im Abschnitt Eigenwerbung im Berufsalltag dargestellten Ansätze sind gut geeignet, um eine leistungsstarke, aufgabenbezogene Selbstpräsentation zu verstärken. Um speziell die sympathische, beziehungsorientierte Wirkung zu fördern, bietet sich besonders die Technik Pacing an.

9.1 Eigenwerbung im Berufsalltag

9.1.1 Wozu für sich werben?

Je größer eine Organisation ist, desto schwieriger wird es, ausschließlich durch gute Arbeit und gute Ergebnisse auf sich aufmerksam zu machen. Darauf zu warten, dass der Chef die eigenen Leistungen von sich aus schon erkennen wird und eines Tages eine Beförderung oder Gehaltserhöhung vorschlägt, ist wenig erfolgversprechend. In diesem Fall müssen Sie auch damit rechnen, dass Sie von weniger kompetenten Kollegen, denen es jedoch besser gelingt, auf sich aufmerksam zu machen, rechts überholt werden.

Untersuchungen aus Großunternehmen zeigen, dass die fachliche Kompetenz nur zu 10 % für das berufliche Fortkommen verantwortlich ist. Wer sich also im eigenen Unternehmen finanziell oder hierarchisch besser positionieren möchte, muss dafür aktiv werden.

EIGENWERBUNG IN KOMBINATION MIT EINER VORTEILHAFTEN SELBSTPRÄSENTATION IST DESHALB NICHT NUR LEGITIM, SONDERN UNERLÄSSLICH.

Sorgen Sie dafür, dass Ihr Engagement und Ihre Erfolge den Entscheidungsträgern bekannt werden. Der unmittelbare Vorgesetzte ist über die Leistungen seiner Mitarbeiter naturgemäß besser informiert als die Hierarchieebene darüber. Sie sollten aber bei Ihrer Kommunikation auch diese Ebene berücksichtigen, denn gerade dort werden oft die Weichen für Ihre Karriere gestellt.

→ Übung 22
„Berufliche Erfolge"

Bevor Sie weiterlesen, notieren Sie bitte jetzt spontan Ihre fünf größten (beruflichen) Erfolge der letzten zwölf Monate.

____

____

____

____

____

9.1.2 Eigene Erfolge bewusst machen und dokumentieren

Könnten Sie auf Anhieb alle guten Leistungen aufzählen, die Sie im vergangenen Jahr in Ihrem Beruf erbracht haben? Einige Punkte werden Ihnen vielleicht sofort einfallen, andere möglicherweise erst nach längerem Überlegen.

Wirklich herausragende Erfolgserlebnisse sind normalerweise sofort präsent, ohne dass man lange nachdenken muss. Doch bei den meisten von uns dürfte die Anzahl solcher absoluten Highlights überschaubar bleiben. Wie verhält es sich dagegen mit den vielen kleinen Erfolgen, die sicher weniger spektakulär sind, aber dennoch über das selbstverständliche Maß an Pflichterfüllung hinausgehen?

Diese Mosaiksteine Ihrer Leistung können in der Summe gesehen wertvoller sein als ein herausragendes Ereignis. Leider geraten sie schnell wieder in Vergessenheit oder sind Ihren Vorgesetzten erst gar nicht bewusst.

→ ***Praxis***tipp

Daher empfehle ich Ihnen, alle positiven Arbeitsergebnisse konsequent in einem Erfolgstagebuch zu dokumentieren. Notieren Sie dort Ihren persönlichen Beitrag und die dadurch entstandenen Vorteile und den Nutzen für Ihr Unternehmen (z.B. Kosteneinsparung, Umsatzzuwachs, Effizienzsteigerung, höhere Kundenzufriedenheit usw.).

Mit einem solchen Erfolgstagebuch schaffen Sie ein wertvolles Vorbereitungsinstrument für Situationen, in denen es erforderlich sein wird, Ihre Leistungsfähigkeit und den Wert Ihres beruflichen Wirkens überzeugend darzustellen. Denken Sie dabei z.B. an die Vorbereitung auf eine Gehaltsverhandlung oder auf das Mitarbeiterjahresgespräch.

9.1.3 Alle Jahre wieder

Offizielle Gespräche, wie Beurteilungs-, Zielvereinbarungs- oder Jahresgespräche, bei denen es ohnehin um eine Bewertung Ihrer Leistung geht, sind eine gute Möglichkeit, Ihren Erfolgsbeitrag zu verdeutlichen.

Anstatt dabei pauschale Aussagen über die eigene Leistung zu treffen, ist es geschickter, anhand gut gewählter Beispiele aufzuzeigen, wie durch Ihre Arbeit konkreter Nutzen für das Unternehmen gestiftet wurde.

Wenn es Ihnen gelingt, Ihren Beitrag nur zu beschreiben und ihn nicht bereits zu bewerten, überlassen Sie zunächst Ihrem Vorgesetzten die Schlussfolgerung über die Beurteilung Ihrer Leistung. Durch diese Vorgehensweise können Sie Ihre Erfolge sogar noch überzeugender und glaubhafter vermitteln.

Wenn es in Ihrem Unternehmen keine instrumentalisierten turnusmäßigen Gespräche gibt, dann suchen Sie ruhig von sich aus den Dialog. Fordern Sie mindestens einmal pro Jahr von Ihrem direkten Vorgesetzten ein ausführliches Feedback ein. Vereinbaren Sie einen Termin bei Ihrem Chef mit dem Wunsch nach einer Rückmeldung zu Ihrer Arbeit und zu Ihren Leistungen.

Dies hat folgende Vorteile:

- Ihr Vorgesetzter muss sich Gedanken über Ihre Leistung machen.
- Sie erfahren, was Ihrem Vorgesetzten besonders wichtig ist.
- Sie können einschätzen, wie Ihre Arbeit bewertet wird, und erhalten evtl. Rückmeldung zu Verbesserungsmöglichkeiten.
- Sie können den Nutzen Ihrer Arbeit darstellen und Leistungen verdeutlichen, die Ihrem Chef vielleicht garnicht bewusst sind.
- Sie zeigen, dass Sie an Feedback zu Ihrer Tätigkeit interessiert sind und sich weiterentwickeln möchten.

9.1.4 Steter Tropfen höhlt den Stein

Erfolgreiche Eigenwerbung ist keine einmalige Angelegenheit, sondern sollte – nach dem Motto: Steter Tropfen höhlt den Stein – kontinuierlich und wohldosiert erfolgen. Versorgen Sie die Entscheidungsträger auch über das Jahr hinweg mit Informationen über Ihre Arbeitserfolge und signalisieren Sie Ihre Leistungsfähigkeit.

Die alltägliche geschäftliche Kommunikation mit Ihrem Vorgesetzten ist gut geeignet, um beiläufig kleine Erfolge Ihrerseits einzustreuen bzw. eine Verknüpfung zu Ihrem Beitrag herzustellen.

Nutzen Sie unbedingt aber auch informelle Anlässe, um mit Ihren Führungskräften ins Gespräch zu kommen. Möglichkeiten dazu ergeben sich zum Beispiel auf Geschäftsreisen, bei Veranstaltungen und Betriebsfeiern oder beim gemeinsamen Mittagessen.

In solchen Situationen gelingt es oft leichter, auch mit Führungskräften aus der übernächsten Hierarchieebene in Kontakt zu kommen, mit denen Sie in der Regel im Tagesgeschäft weniger Berührungspunkte haben.

Anstatt hier aber nur über das Wetter zu fachsimpeln, sollten Sie die Gelegenheit nutzen und geschäftliche Belange anschneiden. Als Einstieg bieten sich positive Ereignisse aus dem Unternehmen oder aktuelle Themen aus dem Branchenumfeld an.

→ *Praxis*tipp

Versuchen Sie im Gespräch immer wieder einen Bezug zu Ihrem Verantwortungsbereich oder Ihren aktuellen Aufgaben herzustellen. Ergreifen Sie die Chance, um eigene Ideen oder Konzepte einzuflechten. Hiermit signalisieren Sie Engagement und unternehmerisches Denken.

9.1.5 Eigene Erfolge kommunizieren

Wenn Ihnen etwas besonders gut gelungen ist, dann zögern Sie nicht, Ihrer Führungskraft unmittelbar davon zu berichten. Beispielsweise nach dem Motto: „Ich wollte Sie als Ersten darüber informieren, dass der Vertrag mit dem neuen Kunden unter Dach und Fach ist ...“ Verwenden Sie dafür den bevorzugten Kommunikationsweg Ihres Chefs – je nachdem persönlich, telefonisch oder per E-Mail.

Achten Sie darauf, dass Sie Erfolge und Ereignisse melden, die tatsächlich berichtenswert sind und über die normale Arbeitsleistung des Tagesgeschäftes herausragen. Wenn Sie jede Banalität als Erfolgserlebnis deklarieren, nur um ständig auf sich aufmerksam zu machen, erhalten Ihre Werbebotschaften schnell inflationären Charakter. Sie laufen Gefahr, auf die Nerven zu gehen und langfristig nicht mehr ernst genommen zu werden.

Gibt es vielleicht einen Kunden, der ganz besonders zufrieden war und Ihnen ein dickes Lob ausgesprochen hat? Wenn Sie eine sehr enge Beziehung zu diesem Geschäftspartner haben, dann bitten Sie ihn ruhig, sich an entsprechender Stelle noch einmal offiziell zu bedanken und dabei Ihren Namen ins Spiel zu bringen. Falls sehr positive Rückmeldungen schriftlich oder per Mail direkt bei Ihnen eingehen, dann können Sie diese als Kopie an Ihren Vorgesetzten weiterleiten und ihn auf diesem Weg in Kenntnis setzen.

Betreiben Sie Ihre Eigenwerbung nach dem Motto: „Tue Gutes und rede darüber.“

Weitere Möglichkeiten, positiv auf sich aufmerksam zu machen, sind:

- Konstruktive Aktivität in Meetings und Besprechungen zeigen
- Einbringen von Verbesserungsvorschlägen
- Schreiben von Berichten für die interne Hauszeitschrift oder ein Branchenblatt
- Teilnahme an freiwilligen Veranstaltungen außerhalb der Arbeitszeit
- Übernahme von Zusatzaufgaben, die einen hohen Stellenwert genießen (z.B. Ausbilder, Multiplikator oder Referent für ein bestimmtes Thema)
- Mitarbeit an einem wichtigen Projekt

NUTZEN SIE DIE MACHT VON NETZWERKEN

Gerade in sehr großen Unternehmen erweist sich ein möglichst großes eigenes Netzwerk als äußerst hilfreich. Viele Dinge gehen plötzlich einfacher und schneller, wenn Sie einen guten Draht zu den richtigen Leuten haben. Auch im Bezug auf Ihr Image und Ihre Eigenwerbung kann Networking ausgesprochen hilfreich sein, da sich Ihre Botschaften dadurch multiplizieren.

JE GRÖSSER UND VIELSCHICHTIGER IHR EIGENES NETZWERK IST, DESTO HÖHER IST DER MULTIPLIKATIONSEFFEKT FÜR IHRE EIGENWERBUNG.

→ ***Praxis*tipp**

Einflussreiche Meinungsbildner müssen selbst gar nicht im Chefsessel sitzen, sondern sind oft in der zweiten Reihe oder im Vorzimmer anzutreffen. In sehr vielen Fällen üben Sekretärinnen, Assistenten, Stellvertreter oder wichtige Schlüsselmitarbeiter einen nicht zu unterschätzenden Einfluss aus. Sind es doch gerade sie, die Informationen weitergeben, vorfiltern und vom Chef gelegentlich um Rat gefragt werden. Bemühen Sie sich daher um einen positiven Kontakt zu diesen Leuten, denn deren Meinung kann großes Gewicht haben.

Berücksichtigen Sie nicht nur offizielle Organigramme und Arbeitsabläufe. Unterschätzen Sie niemals die Macht informeller Kommunikationswege!

Wie gelingt es Ihnen, Ihr Netzwerk auszubauen? Wenn Sie neu in der Firma sind und kaum über Kontakte verfügen, dann sorgen Sie dafür, dass Sie möglichst schnell viele Kollegen persönlich kennen lernen. Dazu ist es erforderlich, dass Sie selbst aktiv werden. Gehen Sie von sich aus auf Ihre neuen Kollegen zu, stellen Sie sich persönlich vor und fragen Sie einfach, wo es Schnittpunkte in den jeweiligen Wirkungskreisen gibt.

Durch eine offene, pro-aktive Kommunikation beugen Sie unberechtigten Vorurteilen und Fehleinschätzungen vor und können damit Ihr Image positiv beeinflussen. Zudem knüpfen Sie frühzeitig Kontakte, erschließen sich schneller Ihr neues Arbeitsumfeld und schaffen damit die besten Voraussetzungen zum Networking.

Anstatt ausschließlich per E-Mail oder telefonisch zu kommunizieren, bietet es sich an, Arbeitskollegen, die man noch nicht persönlich kennt, direkt in ihrem Büro aufzusuchen. Erfahrungsgemäß lässt sich ein guter Kontakt im persönlichen Gespräch immer am leichtesten aufbauen.

9.2 Assoziationsstrategie

9.2.1 Assoziationsprinzip

Ihr Image wird von Situationen beeinflusst, die mit Ihnen in Verbindung gebracht werden. Im alten Persien mussten kaiserliche Militärkuriere, die die Mitteilung einer Niederlage überbrachten, damit rechnen, erschlagen zu werden. Glücklicher konnten sich die Boten schätzen, die Siege zu vermelden hatten, denn sie wurden wie Helden gefeiert und belohnt.

Obwohl diese Zeiten vorbei sind, gilt das Assoziationsprinzip nach wie vor. Es bedeutet, dass Dinge, die zusammen wahrgenommen werden, unbewusst miteinander verknüpft werden, unabhängig davon, ob ein logischer Zusammenhang besteht oder nicht. Nutzen Sie dieses Prinzip für Ihre Außenwirkung!

9.2.2 Negativassoziationen meiden

Es gibt Menschen, die durch ungeschicktes Verhalten in die Assoziationsfalle tappen.

> In diesem Zusammenhang fällt mir ein früherer Arbeitskollege ein, der die Angewohnheit hatte, zu Beginn jeder Besprechung über all die Dinge zu berichten, die an irgendeiner Stelle des Unternehmens gerade schiefgelaufen sind. Besagter Kollege erarbeitete sich damit einen ziemlich schlechten Ruf, obwohl er mit den Negativereignissen selbst nichts zu tun hatte und sonst gute Arbeit leistete. Irgendwann erhielt er schließlich den Spitznamen Katastrophen-Müller.
>
> Seine Absicht war ganz sicher nicht, ein negatives Image aufzubauen, sondern vermutlich die, als gut informiert zu erscheinen und mit Insiderwissen prahlen zu können.

Schlechte Botschaften infizieren ihren Überbringer. Wer häufig negative Nachrichten übermittelt, schadet seinem Image, auch wenn er selbst gar nicht der Urheber ist.

➜ *Praxis*tipp

Wenn Sie unerfreuliche Nachrichten überbringen müssen, sollten Sie selbstverständlich wahrheitsgemäß berichten und keine Schönfärberei betreiben. Vermeiden Sie aber in einem Gespräch ausschließlich über Negatives zu reden. Anstatt im Unglück und Mitleid zu baden, sprechen Sie lieber noch über Lösungsmöglichkeiten oder eventuelle positive Nebeneffekte.

Vielleicht gibt es ja auch irgendeine kleine gute Botschaft, die mit Ihrem Hauptthema nicht zwangsläufig in Zusammenhang stehen muss. Wenn Sie mit etwas Positivem aus dem Gespräch aussteigen, können Sie das negative Gefühl bei Ihrem Kommunikationspartner dadurch abschwächen.

Eine Volksweisheit besagt: „Sage mir, mit wem du gehst, und ich sage dir, wer du bist!" Ein ungünstiges Umfeld kann sich ebenfalls negativ auf das eigene Image auswirken.

Personen, mit denen wir oft zusammen gesehen werden, bringt man zwangsläufig mit uns in Verbindung. Die Charaktereigenschaften der Menschen, mit denen wir uns umgeben, werden uns irgendwann z.T. selbst zugeschrieben.

> Verbringen Sie z.B. jede Mittagspause mit einem Kollegen, der als notorischer Querulant gilt, kann es sein, dass Sie eines Tages auch in diese Schublade einsortiert werden.

ACHTEN SIE ALSO DARAUF, MIT WELCHEN LEUTEN SIE SICH HÄUFIG SEHEN LASSEN, DENN DEREN ANSEHEN FÄRBT AUF IHR ANSEHEN AB.

9.2.3 Positivassoziationen fördern

Nutzen Sie die positive Seite des Assoziationsprinzips! Wenn Sie mit einer angesehenen Person in Verbindung gebracht werden, partizipieren Sie von deren gutem Ruf.

> Politiker nutzen gerne dieses Prinzip und lassen – insbesondere im Wahlkampf – keine Gelegenheit aus, sich mit erfolgreichen Spitzensportlern, populären Schauspielern oder verdienten Persönlichkeiten ablichten zu lassen. Auch die Werbebranche setzt auf Positivassoziationen: Viele Produkte werden in Verbindung mit gut aussehenden Menschen oder Prominenten präsentiert und lassen sich dadurch deutlich besser verkaufen.

Eine Positivverknüpfung funktioniert jedoch nicht nur im Zusammenhang mit anderen Menschen, sondern auch mit positiv belegten Ereignissen, Unternehmen oder Projekten. Wenn Sie im Gespräch z.B. einflechten:

- bereits für das erfolgreiche und angesehene Unternehmen X gearbeitet zu haben,
- gerade an einem besonderen Projekt mit hohem Stellenwert mitzuwirken,
- als Neukunden die Firma Y, welche die Marktführerschaft im Bereich hat, gewonnen zu haben,
- kürzlich eine interessante Unterhaltung mit dem Experten Z geführt zu haben, so kann in diesem Fall das positive Image auch auf Sie abstrahlen.

Falls es sich anbietet, nutzen Sie die Chance, sich zum Überbringer von guten Nachrichten zu machen. Um vom Assoziationsprinzip zu profitieren, ist es gar nicht erforderlich, selbst für das erfreuliche Ereignis verantwortlich zu sein. Es wirkt sich bereits positiv aus, als Übermittler dieser Botschaft wahrgenommen zu werden.

9.3 Pacing

Es mag zwar ungewöhnlich erscheinen, ein neues Thema mit einer praktischen Übung zu beginnen, doch bearbeiten Sie diese zunächst, bevor Sie weiterlesen. Die Inhalte dieses Abschnittes werden für Sie dadurch besser nachvollziehbar sein.

→ Übung 23

Bitte entscheiden Sie sich bei den hier dargestellten Aussagen für diejenige, die am ehesten auf Sie zutrifft. Beantworten Sie die Fragen möglichst spontan, ohne lange zu überlegen, und kreuzen Sie immer nur eine Aussage an.

1.	*Bei Personen, die ich neu kennen gelernt habe, erinnere ich mich zuerst an ...* *a) das äußere Erscheinungsbild,* *b) die Stimme,* *c) deren Verhalten bzw. Bewegungen.*
2.	*Etwas Neues eigne ich mir am leichtesten an, wenn ...* *a) es anschaulich demonstriert wird,* *b) ich selbst Hand anlegen kann,*

	c) man es mir gut erklärt und ich Fragen stellen kann.
3.	*Am liebsten lebe ich in einer Wohnung, ...* *a) die einfach Wohlfühlatmosphäre ausstrahlt und in der ich entspannen kann,* *b) in der es sehr ruhig ist und bei offenem Fenster nur das Zwitschern der Vögel zu hören ist,* *c) die einen tollen Ausblick zu bieten hat und ansprechend eingerichtet ist.*
4.	*Bei schwierigen Entscheidungen ...* *a) höre ich mir unterschiedliche Meinungen an und führe viele Gespräche,* *b) verschaffe ich mir einen Überblick und betrachte den Sachverhalt aus verschiedenen Perspektiven,* *c) verlasse ich mich letztendlich auf mein Bauchgefühl und habe damit meist den richtigen Riecher.*
5.	*In der persönlichen Kommunikation achte ich bei meinem Gegenüber vor allem darauf, ...* *a) wie er auftritt und seine Sichtweise veranschaulicht,* *b) welche Emotionen ihn bewegen,* *c) welchen Ton er anschlägt und was er damit zum Ausdruck bringen möchte.*
6.	*Bei anstrengenden Aufgaben motiviere ich mich selbst, indem ich mir ...* *a) immer wieder gut zurede,* *b) ausmale, wie das positive Ergebnis später aussehen wird,* *c) vorstelle, wie gut es sich anfühlt, wenn ich nach getaner Arbeit wieder den Kopf frei habe.*
7.	*Wenn ich einen Veranstaltungsraum betrete, achte ich unbewusst zuerst* *a) darauf, welche Atmosphäre dort herrscht,*

	b) auf die Geräuschkulisse und die Stimmen im Raum, *c) auf das Gesamtbild wie Ausstattung, Farbkombination und Beleuchtung.*
8.	*Nach einem harten Arbeitstag empfinde ich es als besonders angenehm und entspannend,* *a) die frische Luft zu genießen, mich sportlich oder handwerklich zu betätigen,* *b) Musik zu hören, ein Konzert zu besuchen oder selbst zu musizieren,* *c) zu lesen, fernzusehen oder ins Kino zu gehen.*
9.	*An manchen Mitmenschen stört mich öfters mal ...* *a) ihre laute Art oder ihr hoher Redeanteil,* *b) dass sie distanziert wirken und keine Emotionen zeigen,* *c) ihr unpassendes äußeres Erscheinungsbild.*

Die Auswertung dieses Tests finden Sie im Lösungsteil ab. S 117. Setzen Sie sich am besten erst mit der Auswertung Ihrer Aussagen auseinander, nachdem Sie den kompletten Abschnitt 9.3 „Pacing“ gelesen haben.

Wenn Sie in einem Café zwei Menschen bei einer Unterhaltung beobachten, lässt sich meistens zutreffend einschätzen, ob sich die beiden gut verstehen oder ob eine negative Spannung vorherrscht. Ohne dass man hört, was und wie miteinander gesprochen wird, kann allein die Körpersprache der Gesprächspartner darüber Aufschluss geben, wie die Stimmungslage ist. Zahlreiche Untersuchungen belegen, dass zwei Menschen, die sich sympathisch sind, sich unbewusst einander angleichen, z.B. durch ähnliche Körperhaltung, Sprech- oder Verhaltensweise. Dieses Prinzip funktioniert auch umgekehrt, denn Menschen, mit denen wir Gemeinsamkeiten teilen oder die uns ähnlich sind, finden wir von Haus aus viel sympathischer.

Die Behauptung, dass sich Gegensätze anziehen, mag zwar in der Physik zutreffen, jedoch nicht im Rahmen der zwischenmenschlichen Kommunikation. Da Selbstpräsentation immer auf Kommunikation basiert, ist es nützlich, die Prinzipien von Sympathie und gegenseitiger Anziehung zu kennen und anzuwenden.

SYMPATHIE UND GEMEINSAMKEITEN STEHEN IN EINER WECHSELWIRKUNG ZUEINANDER.

Dieser Effekt lässt sich ganz gezielt nutzen, um den Aufbau einer positiven Beziehung zu unterstützen. Man spricht vom „Pacing", einer Methode, die ursprünglich im NLP (Neurolinguistischen Programmieren) entwickelt wurde: Eine angenehme Grundstimmung können Sie fördern, indem Sie sich Ihrem Gesprächspartner bewusst leicht angleichen, z.B. in der Körpersprache, im Tonfall und in den Formulierungen. Durch dieses Spiegeln Ihres Gegenübers schaffen Sie Gemeinsamkeiten und stoßen damit das wechselseitige Sympathieprinzip an.

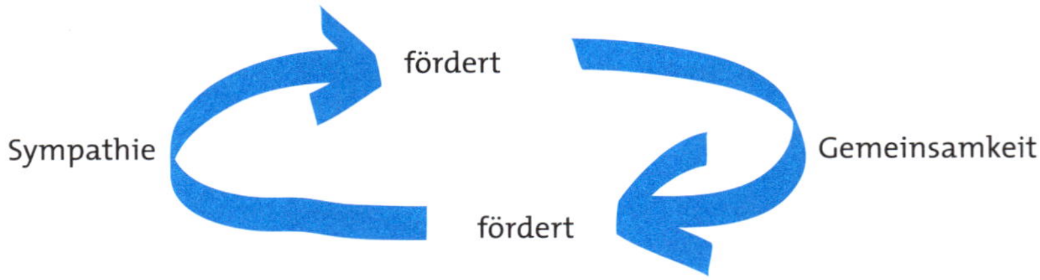

Das wechselseitige Prinzip von Sympathie und Gemeinsamkeit

Um Körpersprache zu spiegeln, versuchen Sie zunächst die gleiche Körperhaltung wie Ihr Gesprächspartner einzunehmen. Ändert dieser irgendwann im Gespräch seine Sitzhaltung und lehnt sich zurück, dann begeben auch Sie sich mit etwas Verzögerung in eine ähnliche Sitzposition. So sind Sie körpersprachlich immer im Einklang. Das Wort „pacen" bedeutet wörtlich übersetzt „mit dem anderen Schritt halten".

Neben der Körperhaltung können Sie selbstverständlich auch Gesten bzw. die Haltung der Hände pacen. Vermeiden Sie es jedoch, negativ belegte Gesten, Verlegenheitsgesten oder Marotten des Gesprächspartners zu spiegeln. Wenn Ihr Gegenüber also die Gewohnheit hat, sich bei jedem zweiten Satz am Kopf zu kratzen, sollten Sie dies nicht übernehmen.

Wichtig ist, dass das Angleichen der Körpersprache unauffällig erfolgt und nicht in übertriebenes Nachahmen oder wahlloses Kopieren aller Bewegungen ausartet. Fühlt sich Ihr Kommunikationspartner nämlich nachgeahmt, so lösen Sie damit Irritationen aus.

Eine gute Möglichkeit, sich moderat anzugleichen, ist das verschobene Spiegeln. Das bedeutet, nicht jede Bewegung 1:1 umzusetzen, sondern etwas abgeschwächt. An Armbewegungen könnten Sie sich z.B. durch kleine Handbewegungen angleichen.

→ ***Praxis*tipp**

Achten Sie beim Pacing darauf:

- *sich langsam und mit einer gewissen Zeitverzögerung anzupassen,*
- *keinesfalls übertrieben nachzuahmen,*
- *sich moderat anzugleichen durch etwas abgeschwächtes Spiegeln.*

Über die Körpersprache hinaus können Sie Stimme und Sprachstil pacen. Beim Angleichen der Stimme bieten sich in erster Linie das Sprechtempo, die Lautstärke und der Rhythmus an. Wenn eine Person z.B. sehr schnell spricht, wird es Ihnen mit einem höheren Sprechtempo besser gelingen, einen guten Draht herzustellen, als wenn Sie sehr langsam sprechen. Bei Gegensätzen ist es einfach schwieriger, sich auf eine gemeinsame Wellenlänge zu begeben.

Der Sprachstil kann viel darüber aussagen, wie ein Mensch Eindrücke in seinem Gehirn verarbeitet. Über die Sinneskanäle Sehen, Hören und Fühlen nehmen wir nicht nur die Informationen aus der Umwelt auf, diese Kanäle spielen auch in unserer Gedankenwelt eine Rolle.

> Denken Sie bitte jetzt an ein gemütliches Kaminfeuer. Welche Assoziationen sind bei Ihnen dabei spontan entstanden? Ist zunächst ein Bild in Ihrem Kopf aufgetaucht? Konnten Sie in Ihrer Vorstellung die Flammen im Kamin sehen? Möglicherweise hörten Sie im ersten Moment das knisternde Geräusch von brennendem Holz oder Sie spürten das Gefühl von Wärme und Behaglichkeit? Vielleicht waren bei Ihnen auch alle drei Eindrücke in gleicher Intensität präsent?

Visuelle Menschen denken überwiegend in Bildern, auditive dagegen führen oft innere Dialoge und hören Klänge. Die kinästhetisch Orientierten verarbeiten Eindrücke hauptsächlich über Empfindungen und Gefühle. Jeder Mensch nutzt grundsätzlich alle Kanäle, dennoch ist bei den meisten einer davon ganz besonders stark ausgeprägt.

Der Kanal, der überwiegt und beeinflusst, wie Erinnerungen und Vorstellungen im Geiste dargestellt werden, wird als das bevorzugte Repräsentationssystem eines Menschen bezeichnet und dieses spiegelt sich im alltäglichen Sprachgebrauch wider.

> Typische Formulierungen visuell orientierter Menschen:
> - Ich werde das nicht länger mit ansehen.
> - Wir sollten uns erst einen Überblick verschaffen.
> - Die Erfahrung zeigt, wie wichtig es ist, genau **hinzuschauen**.
> - Langsam vervollständigt sich das Bild und wird klarer.
>
> Typische Formulierungen auditiv orientierter Menschen:
> - Das hört sich gut an.
> - Sie haben mir versprochen, sich künftig mit mir abzustimmen.
> - Alles bisher Gesagte schreit nach einer Lösung.
> - Wenn ich Sie richtig verstehe, möchten Sie die Umsatzplanung besprechen.

Typische Formulierungen kinästhetisch orientierter Menschen:
- Ich habe dabei ein ungutes Gefühl.
- Da läuft es mir eiskalt den Rücken herunter.
- Die Angelegenheit behutsam anzugehen, ist besser, als etwas zu überstürzen.
- Der Termindruck schlägt mir langsam auf den Magen.

Wenn Sie nun die Übung von S. 95 zu Beginn des Abschnitts auswerten, erhalten Sie einen Eindruck davon, welches Repräsentationssystem bei Ihnen wie stark ausgeprägt ist. Die Auswertung finden Sie auf S. 117.

Bei vielen Gesprächspartnern lässt sich anhand solcher typischen Sprachmuster das bevorzugte Repräsentationssystem ausmachen. Wenn Sie Ihre Formulierung gezielt darauf abstimmen, sprechen Sie die gleiche Sprache wie Ihr Gegenüber. Damit stellen Sie im Sinne des Pacings Gemeinsamkeiten her und der andere fühlt sich besser verstanden. Darüber hinaus verleihen Sie Ihrer eigenen Botschaft eine höhere Wirkung, da Sie ja in der Denkstruktur des Adressaten verfasst ist. Selbstverständlich bietet es sich auch an, Schlüsselbegriffe und Schlagworte des Kommunikationspartners aufzugreifen und in das Gespräch einzuflechten (vgl. Kapitel 6.3).

BEIM PACING VON KÖRPERSPRACHE, STIMME UND SPRACHMUSTERN IST ES NICHT NOTWENDIG, DIE INHALTLICHE ÜBERZEUGUNG DES ANDEREN ZU ÜBERNEHMEN. ZIEL IST ES, DIE GEMEINSAMKEITEN IN ERSTER LINIE DURCH DAS WIE HERZUSTELLEN, NICHT DURCH DAS WAS.

Um erfolgreich zu pacen, benötigen Sie selbst zwei wichtige Voraussetzungen:
- eine sehr gute Wahrnehmungsfähigkeit und
- die Fähigkeit, sich an andere Menschen sensibel anzugleichen.

→ ***Praxis**tipp*

Versuchen Sie am Anfang nicht alle Merkmale auf einmal zu spiegeln. Konzentrieren Sie sich stattdessen nur auf einen Aspekt, z.B. die Körpersprache. Mit etwas Übung wird es Ihnen immer leichter fallen, mehrere Bereiche gleichzeitig zu pacen.

9.4 Elevator Pitch

Der optimale Zeitpunkt, um sich bzw. sein Unternehmen ins rechte Licht zu rücken, ergibt sich durch Situationen wie diese:

- Sie sind Gast bei einer Veranstaltung und werden gefragt, was Sie denn so machen.
- Sie sind Teilnehmer eines Workshops oder Seminars und sollen sich kurz vorstellen.
- Sie sind auf einer Messe und treten mit Ihren potenziellen Kunden in Kontakt.

Hierdurch bekommen Sie eine perfekte Gelegenheit, um Stärken und Vorzüge zu präsentieren, die so schnell nicht wiederkommen wird. Was nun jedoch leider oft folgt, sind einige mehr oder weniger durchdachte Aussagen, mit denen man sich bestenfalls mittelmäßig darstellt. Kommt Ihnen so etwas auch bekannt vor? Wenn ja, kann Ihnen der Elevator Pitch weiterhelfen.

Als zu den Zeiten des „Neuen Marktes" Unternehmen wie Pilze aus dem Boden schossen, wurde es für kleine Gründer in den USA immer schwieriger, zu den Geldgebern vorzudringen. Deshalb kamen einige smarte Jungunternehmer auf folgende Idee: Sie lauerten den potenziellen Geldgebern auf, wenn diese ihr Büro verließen und den Fahrstuhl betraten. Nun war die Chance gekommen, während der Liftfahrt seine Geschäftsidee vorzustellen. Doch die Zeit war knapp, denn Aufzüge fahren nun mal nicht ewig. Das Konzept musste so kompakt und anschaulich präsentiert werden, dass es in einer halben Minute vermittelbar war und Interesse weckte. Damit war der Elevator Pitch geboren, man könnte die Technik also mit „Aufzug-Präsentation" ins Deutsche übersetzen.

Keine Angst, an dieser Stelle möchte ich Sie nicht dazu animieren, künftig Ihrem Chef, Ihren Kunden oder möglichen Kapitalgebern im Aufzug aufzulauern, um dort die wichtigen Anliegen zu besprechen. Stattdessen sollen Sie eine Idee davon bekommen, wie Sie diese Technik für sich im Berufsalltag nutzbar machen können.

Als Einsatzmöglichkeiten bieten sich an:

- Selbstpräsentation bzw. Vorstellung der eigenen Person
- Eröffnung einer Präsentation
- Türöffner für Verkaufsgespräche bzw. -telefonate
- Smalltalk-Situationen
- Messearbeit
- Vorstellung des Businessplans oder einer Geschäftsidee

> Werde ich beispielsweise auf einer Networking-Veranstaltung gefragt, was ich beruflich mache, dann könnte sich mein persönlicher Elevator Pitch wie folgt anhören:
> „Sie kennen ja sicher Navigationssysteme, da geben Sie die Adresse ein und werden dann direkt zum Ziel gelotst. Ich bin so ein Navigationssystem, nämlich eines für Ihre Karriere. Als Karrierecoach bringe ich Sie auf dem optimalen Weg zum gewünschten Ziel. Dabei erkenne ich wie jedes gute Navigationssystem alle Baustellen und Staus und zeige Ihnen die beste Umfahrung dieser Hindernisse auf. ... Kennen Sie den günstigsten Weg zu Ihrem Karriereziel? ..."

Die ideale Länge für einen guten Elevator Pitch liegt bei etwa einer halben Minute. In dieser Zeitspanne erreichen Sie eine optimale Aufmerksamkeit beim Zuhörer. Wenn Sie dagegen in einem Gespräch eine Minute lang – ohne vorherige Ankündigung – monologisieren, lässt das Interesse deutlich nach und Sie laufen Gefahr, langatmig zu wirken.

Ein Elevator Pitch lebt von einer anschaulichen Sprache, die die Vorstellungskraft und Phantasie des Zuhörers anregt. Auf abstrakte Formulierungen und wissenschaftliche Beschreibungen sollte daher verzichtet werden.

ALS BOTSCHAFT MÜSSEN DIE VORTEILE UND NUTZEN IM MITTELPUNKT STEHEN, NICHT DIE DETAILS.

Der Elevator Pitch ist als Türöffner zu verstehen. Ziel ist, die erste Einstiegshürde zu überwinden und beim Adressaten Interesse oder besser noch eine Nutzenerwartung zu wecken. Die emotionale Ebene anzusprechen ist dabei Erfolg versprechender, als mit rationalen Argumenten und technischen Einzelheiten aufzuwarten.

War der Start erfolgreich, wird sich daraus sicher ein angeregter Dialog oder ein Verkaufsgespräch entwickeln. Dort ist dann auch genügend Raum, um auf Hintergründe und Details einzugehen.

Hier ein weiteres Beispiel für einen Elevator Pitch, der zu Beginn einer Werbepräsentation für eine Dienstleistung eingesetzt wurde:

> „Was kosten Sie hundert Meter Buffet im teuersten Restaurant der Stadt? Einen Klacks im Vergleich zu dem, was Sie Ihre Mittagspause kosten kann. Ihre Mitarbeiter sind in der wohlverdienten Pause und damit für Ihre Kunden nicht erreichbar. Wer sich nicht mit einer Mailbox un-

terhalten möchte – und dies ist immerhin jeder Zweite –, wählt ganz einfach die Nummer Ihrer Konkurrenz. Können Sie es sich leisten, telefonisch nicht erreichbar zu sein? Wie wäre es stattdessen, wenn sich während der Abwesenheitszeiten ein Call-Center einschalten würde und unter Ihrem Namen alle Kundenanliegen aufnimmt? ...“

Wenn Sie einen Elevator Pitch für Ihre Vorstellung, Ihren Verbesserungsvorschlag oder Ihr Produkt einsetzen wollen, ist immer eine gründliche Vorbereitung erforderlich. Grundvoraussetzung ist, sich über die eigenen Stärken und Vorteile bzw. die Nutzen des eigenen Produktes im Klaren zu sein, denn daraus soll ja schließlich die Kernbotschaft entstehen. Als Orientierung zur Entwicklung ansprechender Formulierungen sind die Hinweise im sechsten Kapitel (Erfolgsfaktor Inhalt) nützlich.

Die wichtigsten Regeln im Überblick:
- Lebhafte, anschauliche Sprache
- Leicht verständliche Idee
- Erkennbarer Nutzen für den Adressaten
- Emotional ansprechend
- Aktive Formulierungen
- Eine halbe Minute
- Verzicht auf Details

Ein gelungener Elevator Pitch wirkt nur, wenn Sie ihn frei vortragen. Keinesfalls darf er auswendig gelernt klingen. Ihre Stimme und Körpersprache müssen zum Inhalt passen und verleihen damit dem Gesagten Überzeugungskraft und Begeisterung.

→ Übung 24
„Elevator Pitch“

Entwickeln Sie jeweils einen etwa halbminütigen Elevator-Pitch zu

- *einem Produkt bzw. einer Dienstleistung Ihres Arbeitgebers/Unternehmens,*
- *einem Verbesserungsvorschlag*
- *Ihrer eigenen Person (z.B. um sich als Teilnehmer zu Beginn eines Seminares vorzustellen oder als Selbstpräsentation im Rahmen eines Personalauswahlverfahrens)*

→ Zusammenfassung

- Ohne Eigenwerbung – rein durch fachliche Leistung – ist es besonders in großen Organisationen sehr schwer, beruflich weiterzukommen.
- Führen Sie ein Erfolgstagebuch und nutzen Sie Gelegenheiten, wie z.B. Zielvereinbarungs- oder Jahresgespräche, um positive Leistungen zu verdeutlichen und sich gezielt zu präsentieren.
- Geben Sie Ihrem Vorgesetzten wohl dosiert, regelmäßig und zeitnah Feedback zu aktuellen Projekten, guten Ergebnissen sowie kleinen, aber nicht selbstverständlichen Erfolgen.
- Achten Sie im Betrieb nicht nur auf die vorgegebene Ablauforganisation, sondern nutzen Sie die gewachsenen, informellen Kommunikationswege. Bauen Sie sich ein Netzwerk auf, auf welches Sie bei Bedarf zurückgreifen können.
- Nutzen Sie das Assoziationsprinzip für Ihre positive Außenwirkung. Wenn Sie überwiegend positiv formulieren, Erfolgreiches voranstellen und sich mit entsprechenden Personen umgeben, wird dies Ihr Image vorteilhaft beeinflussen.
- Gemeinsamkeiten und Sympathie stehen in einer Wechselwirkung zueinander. Durch Pacing – ein unauffälliges, moderates Angleichen an den Gesprächspartner in Bezug auf Körperhaltung, Gestik oder Sprachstil – können Sie die Entstehung einer positiven gemeinsamen Wellenlänge unterstützen.
- Mit einem vorbereiteten Elevator Pitch haben Sie immer einen „Ohrenöffner“ und damit eine positive (Selbst-)Präsentation parat.

10 Tipps für verschiedene Anlässe

In diesem Kapitel sind wesentliche Faktoren für Ihre Selbstpräsentation in bestimmten Situationen dargestellt. Sie erhalten in komprimierter Form Tipps für folgende Anlässe:

- Besprechungen und Meetings
- Bewerbungsgespräche
- Messeauftritte
- Präsentationen und Vorträge
- Seminare, Workshops und Kongresse
- Small-Talk-Situationen
- Verkaufsgespräche

10.1 Besprechungen und Meetings

Solche Treffen bieten eine gute Möglichkeit, sich als engagiert und leistungsorientiert zu präsentieren. Sind wichtige Entscheidungsträger bzw. Führungskräfte aus höheren Hierarchieebenen vertreten, dann stellen Besprechungen und Meetings eine gute Plattform dar, um Eigenwerbung geschickt zu platzieren. Die Tipps:

- **Erscheinen Sie vorbereitet**
  Halten Sie alle wichtigen Unterlagen, Fakten und Argumente zum Thema parat.

- **Seien Sie rechtzeitig vor Ort**
  Unpünktlichkeit schadet Ihrem Image. Wichtige Informationen werden manchmal in informellen Gesprächen bereits vor Veranstaltungsbeginn ausgetauscht.

- **Wählen Sie einen günstigen Platz**
  Wichtig ist, dass Sie von Ihrem Platz aus zu möglichst vielen Teilnehmern Blickkontakt herstellen können und auch umgekehrt gut gesehen werden. Als ungünstig erweisen sich Sitzplätze in der zweiten Reihe, an den Tischecken oder mit der Tür im Rücken. Auch deshalb ist es vorteilhaft, rechtzeitig anwesend zu sein.

- **Zeigen Sie Aktivität**
  Wer in einer Besprechung sitzt, zu der er nichts beiträgt, kann sich genauso gut die Teilnahme sparen. Zeigen Sie Engagement, indem Sie eigene Beiträge liefern oder Fragen stellen. Je früher Sie sich selbst zu Wort melden, desto leichter wird Ihnen eine kontinuierliche Beteiligung gelingen.

→ **Kommunizieren Sie professionell**
Tragen Sie Ihre Beiträge prägnant und gut strukturiert vor. Verzichten Sie auf langatmige Ausführungen und hören Sie anderen aktiv zu. Kompakte Botschaften kommen besser an als lange Monologe. Wenn Sie andere Besprechungsteilnehmer ab und zu namentlich ansprechen, können Sie dadurch eine höhere Aufmerksamkeit erreichen. Fallen Sie anderen Rednern nicht ins Wort und beachten Sie die Gebote der Höflichkeit.

→ **Drücken Sie Interesse und Engagement nonverbal aus**
Richten Sie – speziell bei Ihren eigenen Redebeiträgen – Ihren Blick in die Runde so aus, dass Sie zu verschiedenen Teilnehmern abwechselnd Blickkontakt aufnehmen können. Achten Sie auf eine angemessene aufrechte Sitzhaltung, auf offene Gesten und eine freundliche Mimik.

10.2 Bewerbungsgespräche

In einer Bewerbungssituation sind Sie – abgesehen von Ihren Unterlagen – normalerweise noch unbekannt. Den richtigen Eindruck beim persönlichen Treffen zu erwecken, ist deshalb erfolgsentscheidend. Da Sie mit anderen Personen konkurrieren und selbst nur etwa eine halbe Stunde Zeit haben, um für sich zu werben, zahlt sich eine gezielte Vorbereitung aus. Die Tipps:

→ **Vorbereitung ist der halbe Erfolg**
Entwickeln Sie vorab Ihre Kommunikationsstrategie hinsichtlich Ihrer Stärken, Ihrer Schwächen und Ihres Mehrwertes für den Arbeitgeber. Informieren Sie sich über Anforderungsprofil, Unternehmen und Branche. Bereiten Sie eigene Fragen für das Gespräch vor. Spielen Sie Ihre Reaktion auf typische Interviewfragen durch. Bereiten Sie eventuell einen Elevator Pitch (vgl. Kap. 9.4) vor, um Ihren Nutzen kurz auf den Punkt zu bringen.

→ **Wählen Sie das passende Outfit**
Ihre Garderobe sollte grundsätzlich etwas eleganter sein, als dies später im Berufsalltag erforderlich ist. Orientieren Sie sich bei der Zusammenstellung Ihres Outfits an der Branche, am Unternehmen und an der Position. Treten Sie im Zweifel lieber leicht overdressed als zu leger auf.

→ **Der erste Eindruck zählt**
Seien Sie ca. zehn Minuten vor dem Termin gesprächsbereit. Abgehetzt oder gar unpünktlich zu erscheinen, wäre ein schlechter Einstieg. Bei der Begrüßung reicht Ihnen Ihr Gesprächspartner zuerst die Hand. Wichtig sind dabei ein angemessener Händedruck, Blickkontakt und ein freundlicher Gesichtsausdruck. Stellen Sie sich namentlich vor und prägen Sie sich den Namen Ihres Gegenübers ein.

→ **Positionieren Sie sich aufmerksam und offen**
Nehmen Sie erst nach Aufforderung am Tisch Platz. Achten Sie auf eine aufrechte und leicht nach vorn orientierte Sitzhaltung sowie auf eine offene Haltung von Armen und Händen. Durch Pacing (vgl. Kap. 9.3) haben Sie die Möglichkeit, sich moderat an die Körpersprache Ihres Gegenübers anzugleichen.

→ **Fördern Sie den Dialog**
Wenn Sie ausschließlich auf Fragen reagieren, entwickelt sich die Situation schnell zum Verhör. Betrachten Sie das Vorstellungsgespräch als Dialog, in dem auch Sie bestimmte Antworten erhalten möchten. Streuen Sie selbst passende Fragen ein. Gestalten Sie Ihre eigenen Antworten ausführlich und dennoch prägnant.

→ **Stellen Sie sich pro-aktiv und souverän dar**
Arbeiten Sie mit einer positiven Sprache und mit aktiven Formulierungen, die Ihren Beitrag und Ihr Engagement zum Ausdruck bringen. Verzichten Sie auf lange Rechtfertigungen bei kritischen Fragen und verfallen Sie nicht in eine Verteidigungshaltung. Lassen Sie sich nicht durch Stressfragen provozieren.

10.3 Messeauftritte

Der Messeauftritt ist Visitenkarte eines Unternehmens und Chance, potenzielle Kunden anzuziehen. Dabei präsentieren Sie nicht nur Ihre Produkte und Ihr Unternehmen, sondern auch sich selbst. Messebesucher haben oft wenig Zeit und sind zudem überflutet mit vielen Reizen. Ein flüchtiger Blick im Vorübergehen genügt, und der Besucher hat Sie bereits in eine Schublade gesteckt. Die Tipps:

→ **Vermeiden Sie Nachlässigkeiten**
Mitarbeiter/innen, die gelangweilt schauen, für die Besucher sichtbar essen, rauchen, Fingernägel nachlackieren oder ins Gespräch mit

den Nachbarn vertieft sind, finden Sie an jedem zweiten Messestand. Vermeiden Sie solche Nachlässigkeiten, denn damit vermitteln Sie den Besuchern unerwünscht zu sein.

- **Signalisieren Sie Interesse**
  Zeigen Sie den Messebesuchern, dass Sie willkommen sind. Achten Sie auf eine offene Körpersprache und freundliche Mimik. Durch Blickkontakt, zunicken oder eine verbale Begrüßung können Sie anderen Menschen signalisieren, dass Sie sie wahrgenommen haben. Sprechen Sie aktiv Besucher an, die interessiert wirken. Durch das Tragen eines Namensschildes erleichtern Sie die Kontaktaufnahme in umgekehrter Richtung.

- **Halten Sie Ihr Äußeres in Form**
  Das äußere Erscheinungsbild ist Teil Ihres Messeauftrittes, da es für jeden Besucher sichtbar den ersten Eindruck prägt. Je nach Unternehmen, Branche oder Zielgruppe kann das Messeoutfit unterschiedlich ausfallen. Eines gilt jedoch allgemein: Sie und Ihre Garderobe müssen stets frisch wirken. Kaffeeflecken oder Schweißränder auf Bluse bzw. Hemd sind an langen Messetagen oft unvermeidbar. Seien Sie gewappnet und halten Sie für solche Fälle eine Reservegarnitur griffbereit.

- **Kommunizieren Sie prägnant und anschaulich**
  Bei vielen Messebesuchern steht Ihnen wenig Zeit zur Verfügung, um Interesse zu wecken. Bauen Sie Ihre erste Kundenansprache so auf, dass Sie in maximal einer halben Minute das Wesentliche, also den Produktnutzen, vermitteln können. Bereiten Sie dafür einen Elevator Pitch (vgl. Kap. 9.4) vor.

10.4 Präsentationen und Vorträge

Sie präsentieren nicht nur ein bestimmtes Thema, sondern gleichzeitig auch sich selbst. Als Redner stehen Sie im Fokus Ihres Publikums und haben die Chance, sich über das Fachliche hinaus zu profilieren. Wie Sie auftreten, ein Thema strukturieren und vermitteln, kann z.T. noch wichtiger sein als das, was Sie präsentieren. Die Tipps:

- **Überlassen Sie nichts dem Zufall**
  Genauso selbstverständlich wie die inhaltliche Sattelfestigkeit muss die methodische und rhetorische Vorbereitung sein. Dazu gehört eine ansprechende, gehirngerechte Aufbereitung des Themas inkl.

aller Unterlagen ebenso wie die Planung des Medieneinsatzes und des Zeitablaufs. Durch Üben im Vorfeld werden Sie eine deutlich bessere Präsentationsperformance erreichen.

→ **Treten Sie korrekt auf**
Ihr Äußeres kann je nach Thema, Zielgruppe und erwünschter Wirkung variieren. Machen Sie sich bewusst, dass der Redner im Rampenlicht steht und ganz besonders kritisch unter die Lupe genommen wird. Kleinigkeiten wie ein schlecht sitzender Krawattenknoten oder ein offener Knopf werden garantiert bemerkt und lenken ab. Werfen Sie vor der Präsentation einen Blick in den Spiegel.

→ **Prüfen Sie Technik und Raum**
Testen Sie vor Beginn alle Hilfsmittel, technischen Geräte und Medien. Technische Pannen sind zu 95 % vermeidbar. Vergewissern Sie sich, dass die Anordnung der Stühle und Medien eine gute Sicht gewährleistet. Selbst wenn jemand anderes für Aufbau und Technik verantwortlich ist, fallen technische Störungen oder schlechte Sicht auf Sie zurück.

→ **Verschaffen Sie sich Gehör**
Je größer Gruppe und Raum sind, desto lauter müssen Sie sprechen. Denken Sie an ein angemessenes Sprechtempo, an Sprechpausen und eine abwechslungsreiche Modulation.

→ **Setzen Sie Ihre Körpersprache ein**
Stellen Sie Blickkontakt zu den Zuhörern her, sodass sich alle einbezogen fühlen. Nehmen Sie eine sichere und offene Grundhaltung ein und unterstreichen Sie das Gesagte mit Gesten. Machen Sie ein freundliches Gesicht und lächeln Sie ab und zu, das macht Sie sympathischer.

→ **Finden Sie die richtigen Worte**
Sprechen Sie in der Sprache Ihrer Zielgruppe. Greifen Sie deren Perspektive auf und wecken Sie Interesse. Bedienen Sie sich aktiver, anschaulicher Formulierungen und nutzen Sie ggf. die Elevator-Pitch-Technik (vgl. Kap. 9.4). Durch das Einflechten von Beispielen und Anekdoten können Sie Ihrer Präsentation mehr Lebendigkeit und Praxisbezug verleihen.

10.5 Seminare, Workshops und Kongresse

Natürlich ist bei solchen Anlässen das Hauptaugenmerk auf den Moderator oder Referenten ausgerichtet. Dennoch präsentieren Sie sich auch als Teilnehmer den anderen Anwesenden gegenüber. Möglicherweise sind bei einer Veranstaltung wichtige Entscheidungsträger, potenzielle Auftrag- oder Arbeitgeber anwesend, die sich später einmal als nützlich erweisen können. Die Tipps:

→ **Kleiden Sie sich passend**
Bei Veranstaltungen außer Haus ist oft unklar, welcher Dresscode gilt. Zum Entspannungs-Seminar ist ein anderes Outfit angebracht als zum Strategie-Workshop. Sind Sie unsicher, dann erkundigen Sie sich vorab beim Veranstalter. Overdressed aufzutauchen ist meist unkritisch und leichter korrigierbar. Durch Ablegen von Blazer bzw. Jackett und Krawatte lässt sich bereits ein legererer Eindruck erzeugen. Wenn Sie jedoch als Einziger underdressed erscheinen, sammeln Sie eher Minuspunkte.

→ **Nutzen Sie Vorlaufzeiten und Pausen**
Seien Sie bereits 15 Minuten vor Beginn im Veranstaltungsraum. Sie haben dadurch die größere Platzauswahl und können sich bereits mit weiteren Teilnehmern und den Referenten bekannt machen. Gehen Sie aktiv auf andere zu und stellen Sie sich vor. Nutzen Sie Pausenzeiten, um Kontakte herzustellen oder Gespräche zu vertiefen.

→ **Zeigen Sie Profil in der Vorstellungsrunde**
Zu Beginn vieler Veranstaltungen gibt es eine Vorstellungsrunde. Die meisten Teilnehmer stellen sich dabei nach dem gleichen Muster (z.B. Name, Alter, Wohnort) vor. Aufmerksamkeit erzeugen Sie erst dann, wenn Sie es schaffen, sich positiv aus der Masse abzuheben. Überlegen Sie vorher, welche interessanten Aspekte Ihre Vorstellung bereichern können. Nutzen Sie eventuell einen Elevator Pitch (vgl. Kap. 9.4), um in Erinnerung zu bleiben.

→ **Seien Sie aktiv**
Durch Wortmeldungen oder Zwischenfragen können Sie Interesse und Kompetenz signalisieren. Drücken Sie durch Ihre Körpersprache und Sitzhaltung aus, dass Sie aktiv dabei sind und sich nicht als Konsument wie im Fernsehsessel fühlen. Oft werden Freiwillige für kleine Übungen und Demonstrationen gesucht. Nutzen Sie die Möglichkeit, um sich als aufgeschlossen zu präsentieren.

10.6 Smalltalk-Situationen

Ob Geschäftsreise, Party, Networking-Veranstaltung, Messebesuch oder Seminarpause: Sehr viele Anlässe bieten Gelegenheit zum Small-Talk. Sie haben die Chance, sich als interessanter Gesprächspartner zu präsentieren, neue Kontakte zu knüpfen, das eigene Netzwerk auszubauen oder Kunden zu gewinnen. Die Tipps:

- **Positionieren Sie sich richtig**
  Wählen Sie eine günstige Position, an der Sie gut gesehen werden und an der viele Leute vorbeikommen (z.B. in der Nähe des Buffets oder des Eingangs). Meiden Sie Nischen- und Eckplätze.
- **Signalisieren Sie Gesprächsbereitschaft**
  Um als potenzieller Konversationspartner wahrgenommen zu werden, sollten Sie auch so wirken. Zeigen Sie eine offene Haltung und eine freundliche Mimik. Erwidern Sie den Blickkontakt von anderen Personen. Wenn Sie beschäftigt wirken, da Sie z.B. ständig auf Ihrem Handy herumtippen, werden Sie kaum angesprochen.
- **Sprechen Sie andere an**
  Gehen Sie von sich aus auf Menschen zu, die gesprächsbereit wirken. Versuchen Sie zunächst Blickkontakt herzustellen und sich eventuell durch Pacing (vgl. Kap. 9.3) körpersprachlich anzugleichen, bevor Sie die Person ansprechen. Gute Anknüpfungspunkte, um ein Gespräch zu beginnen, sind z.B. eine belanglose Frage oder ein Kompliment für ein besonderes Accessoire.
- **Steigen Sie mit leichten Themen ein**
  Wählen Sie am Anfang ein gemeinsames, unverfängliches Gesprächsthema wie das Veranstaltungsprogramm, die Verbindung zum gemeinsamen Gastgeber oder die Lage des Veranstaltungsortes. Lästern Sie keinesfalls über die Organisation, den Veranstalter oder das Buffet, damit könnten Sie in ein Fettnäpfchen treten.
- **Zeigen Sie Interesse durch aktives Zuhören**
  Reagieren Sie auf Äußerungen Ihres Gegenübers mit Kopfnicken, Bestätigungslauten („mhm“, „hmm“), kurzen Zusammenfassungen oder Rückfragen.
- **Begeben Sie sich auf eine Wellenlänge**
  Mithilfe von Pacing stellen Sie noch mehr Gemeinsamkeiten zu Ihrem Gesprächspartner her. Sie können sich sensibel an die Körpersprache, an die Stimme und an den Sprachstil angleichen. Gemeinsamkeiten fördern Sympathie.

→ **Streuen Sie Ihre Eigenwerbung ein**
Fällt das Gespräch auf Ihren Beruf, dann nutzen Sie die Möglichkeit der Werbung für sich selbst, Ihr Unternehmen, Ihre Produkte oder Dienstleistungen. Verwenden Sie eventuell einen Elevator Pitch (vgl. Kap. 9.4), um Ihre Besonderheiten pfiffig darzustellen. Tauschen Sie spätestens am Ende des Gesprächs Visitenkarten aus.

10.7 Verkaufsgespräche

Verkaufen ist eine der anspruchsvollsten Formen der Kommunikation. Wenn Sie sich selbst schlecht „verkaufen", wird es Ihnen auch schwerfallen, Kunden von Ihren Produkten oder Dienstleistungen zu überzeugen. Um als erfolgreicher Verkäufer zu bestehen, müssen Sie glaubwürdig, kompetent und sympathisch wirken. Die Tipps:

→ **Signalisieren Sie Kompetenz und Vertrauenswürdigkeit**
Sorgen Sie dafür, dass Ihr Erscheinungsbild zu den Ansprüchen Ihrer Zielgruppe und zum Image Ihres eigenen Hauses passt. Wer Hochwertiges anzubieten hat, sollte dies auch durch sein Äußeres signalisieren. Darauf gut abgestimmte Accessoires wie Aktenkoffer und Schreibutensilien können diesen Eindruck unterstreichen.

→ **Auf den Einstieg kommt es an**
In den ersten 20 Sekunden des Gesprächs entscheidet Ihr Gegenüber, ob es sich lohnt, Ihnen weiter zuzuhören. Gestalten Sie den Einstieg so interessant und spannend wie möglich. Erzeugen Sie bei Ihrem Gesprächspartner möglichst früh eine Nutzen- bzw. Gewinnerwartung. Bauen Sie einen Elevator Pitch (vgl. 9.4) in die Gesprächseröffnung ein.

→ **Zeigen Sie ehrliches Interesse**
Gutes Verkaufen setzt gutes Fragen voraus. Antworten zu den Bedürfnissen, Motiven oder Problemen des Kunden erhalten Sie nur über die richtigen Fragen. Investieren Sie ausreichend Zeit in diese Bedarfsanalyse. Geben Sie dem Kunden das Gefühl von ehrlichem Interesse an seinen Bedürfnissen, seiner Situation oder seinem Business.

→ **Seien Sie Problemlöser des Kunden**
Präsentieren Sie weniger Ihr Produkt oder Ihre Dienstleistung, sondern mehr die Problemlösung, die Ihr Gegenüber dadurch erhält. Hö-

ren Sie bei Einwänden genau zu, respektieren Sie diese und gehen Sie darauf ein. Stellen Sie ausschließlich die Vorteile heraus, die aus Kundensicht relevant sind, und leiten Sie daraus den individuellen Nutzen für Ihren Kunden ab.

→ **Senden Sie positive nonverbale Signale**
Achten Sie auf einen regelmäßigen Blickkontakt und eine freundliche Mimik während des Gesprächs. Nutzen Sie Gesten, um Ihre Argumente zu unterstreichen. Signalisieren Sie durch Ihre Körperhaltung Interesse und Aufmerksamkeit. Gleichen Sie sich durch Pacing (vgl. Kap. 9.3) leicht an Ihren Gesprächspartner an.

→ **Beachten Sie die Spielregeln des Kunden**
Halten Sie sich an Terminvereinbarungen und berücksichtigen Sie Terminpräferenzen Ihres Kunden. Wenn Sie sich im „Hoheitsbereich" des Kunden bewegen, dann respektieren Sie sein Territorium. Treten Sie erst ein, nachdem Sie hereingebeten wurden, und setzen Sie sich erst, wenn Ihnen ein Platz angeboten wird. Weisen Sie kleine Gefälligkeiten, wie z.B. Getränke oder Kekse, nicht ab.

11 Lösungsvorschläge für die Übungen

Übungen 1 bis 13

Diese Übungen sollen Sie anregen, die Theorie zu überdenken und für sich anzuwenden. Vorgegebene Lösungen machen wenig Sinn bzw. sind nicht möglich.

Übung 14

Defizitorientierte Formulierungen	*Chancenorientierte Formulierungen*
Die Fertigstellung der Präsentation schaffe ich nicht bis übermorgen.	*Die Fertigstellung der Präsentation kann ich in drei Tagen in Aussicht stellen.*
Ab sofort schließen wir samstags bereits um 14:00 Uhr.	*Künftig sind wir samstags bis 14:00 Uhr für Sie da.*
Die Anmeldefrist läuft in vier Wochen ab.	*Sie können Ihre Anmeldung innerhalb der nächsten vier Wochen tätigen.*
Bis Heiligabend sind es nur noch drei Tage und ich habe noch kein einziges Geschenk gekauft.	*Ich werde die nächsten drei Tage nutzen, um schöne Weihnachtsgeschenke auszusuchen.*
Wir können Ihre Anfrage in dieser Woche nicht mehr bearbeiten.	*Wir werden Ihre Anfrage in der kommenden Woche umgehend bearbeiten.*
Herr Müller ist bis Mittwoch krank gemeldet, deshalb ist unser Team momentan überlastet.	*Herr Müller wird voraussichtlich ab Donnerstag wieder anwesend sein, dann arbeitet unser Team wieder mit Normalbesetzung.*
Die Fehlerquote beträgt 3 %.	*In 97 % erreichen wir Spitzenresultate.*
Spezialanfertigungen dauern bei uns drei Wochen.	*Spezialanfertigungen können wir bereits drei Wochen nach Bestellung ausliefern.*
Nach dem 30.09. eintreffende Angebote können wir leider nicht mehr für die Ausschreibung berücksichtigen.	*Bis 30.09. freuen wir uns auf Ihre Angebote auf unsere Ausschreibung.*

Stifte mit Namensgravur kosten fünf Euro Aufpreis.	*Gegen einen Aufpreis von nur fünf Euro erhalten Sie Ihren Stift mit einer Namensgravur nach Wunsch.*

Übung 15

Passiv	*Aktiv*
Dank unseres konstruktiven Teammeetings gibt es nun Lösungsansätze zur Behebung des Personalengpasses.	*Wir haben im Teammeeting gute Lösungsansätze zur Behebung des Personalengpasses entwickelt.*
Die Abwrackprämie hat unseren PKW-Umsatz gerettet.	*Wir haben große Anstrengungen unternommen, um den geplanten PKW-Umsatz zu erreichen und haben die Abwrackprämie für unsere Vertriebsaktivitäten clever genutzt.*
Der Kunde ist von unserem Angebot überzeugt und wird uns mit dem Projekt beauftragen.	*Es ist uns gelungen, den Kunden von unserem Angebot zu überzeugen. Wir werden in Kürze den Auftrag für das Projekt abschließen.*
Ich erhalte die Gelegenheit, mein Konzept dem Vorstand persönlich zu präsentieren.	*Ich werde mein Konzept dem Vorstand persönlich präsentieren.*
Die Studie zeigt, dass wir mit dieser Strategie auf dem richtigen Weg sind.	*Mit der von uns eingeschlagenen Strategie liegen wir genau richtig. Auch die Studie belegt dies.*
Mit Beharrlichkeit und Scharfsinn hat sich das gewünschte Ergebnis eingestellt.	*Ich habe beharrlich und scharfsinnig darauf hingearbeitet und das gewünschte Ergebnis erzielt.*
Ich wurde vor drei Monaten zum Vertriebsleiter befördert.	*Ich habe vor drei Monaten die Position des Vertriebsleiters angetreten.*
Im Rahmen des Projekts ergaben sich mehrere Lösungsansätze.	*Im Rahmen des Projekts erarbeiteten wir mehrere Lösungsansätze.*

Hierzu wurde bereits ein Termin mit der Geschäftsleitung anberaumt.	*Wir haben hierzu bereits einen Termin mit der Geschäftsleitung vereinbart.*
Für alle Interessenten besteht die Möglichkeit der Kontaktaufnahme an unserem Messestand.	*Alle Interessenten können sich gerne an unser Standpersonal wenden.*

Übung 16

Sachlich	*Bildhaft metaphorisch*
... so früh wie möglich dagegen vorgehen ...	*... im Keim ersticken ...*
.. schwer zu verstehende Inhalte ...	*... schwer verdauliche Kost ...*
... die Strategie für das nächste Jahr festlegen ...	*... die Weichenstellung für das nächste Jahr vornehmen ...*
... einen Aktionsplan entwickeln ...	*... einen Schlachtplan entwerfen ...*
... das Team neu zusammensetzen ...	*... die Mannschaft neu aufstellen ...*
... handlungsbereit sein, sobald die Nachfrage anzieht ...	*... die Segel setzen, sobald der Wind günstig steht ...*
.. unentschlossen/abwartend sein ...	*... aussitzen ...*
... Überflüssiges weglassen ...	*... Ballast abwerfen ...*
... die Grundlage für langfristige Erträge schaffen ...	*... erst säen, dann ernten ...*
... geeignete Maßnahmen kombinieren ...	*... ein Paket schnüren ...*
... Stärke demonstrieren ...	*... die Zähne zeigen ...*
... gemeinsam handeln ...	*... an einem Strang ziehen ...*
... jemandem die Schuld zuweisen ...	*... jemandem den schwarzen Peter zuschieben ...*
... eine Kompromisslösung finden ...	*... einen gemeinsamen Nenner finden ...*

... miteinander den Zeitplan festlegen ...	*... sich über den Fahrplan verständigen ...*
... Sparmaßnahmen ergreifen ...	*... den Gürtel enger schnüren ...*
... eine andere Strategie als die Mitbewerber verfolgen ...	*... gegen den Strom schwimmen ...*

Übungen 17 bis 22

Diese Übungen sollen Sie anregen, die Theorie zu überdenken und für sich anzuwenden. Vorgegebene Lösungen machen wenig Sinn bzw. sind nicht möglich.

Übung 23

Aussage Nr.	*Visuell orientiert*	*Auditiv orientiert*	*Kinästhetisch orientiert*
1	*A*	*B*	*C*
2	*A*	*C*	*B*
3	*C*	*B*	*A*
4	*B*	*A*	*C*
5	*A*	*C*	*B*
6	*B*	*A*	*C*
7	*C*	*B*	*A*
8	*C*	*B*	*A*
9	*C*	*A*	*B*
Summe			

Literatur

Asgodom, Sabine: Eigenlob stimmt. München 2003.

Cialdini, Robert B.: Die Psychologie des Überzeugens. 6. Auflage, Bern 2009.

O'Connor, Joseph / Seymour, John: Neurolinguistisches Programmieren: Gelungene Kommunikation und per- sönliche Entfaltung. 20. Auflage, Kirchzarten 2010.

Gericke, Cornelia: Rhetorik – Die Kunst zu überzeugen und sich durchzusetzen. 4. Auflage, Berlin 2009.

Leanne, Shel: Sag's wie Obama: Ausstrahlung, Rhetorik und Visionen des neuen US-Präsidenten. Wien 2009.

Lürssen, Jürgen: Die heimlichen Spielregeln der Karriere. 3. Auflage, Frankfurt a. M. 2010.

Meyden, Nandine: Business-Etikette – Sicher auftreten und Fettnäpfchen vermeiden. 2. Auflage, Mannheim 2011.

Mummendey, Hans Dieter: Psychologie der Selbstdarstellung. 2. Auflage, Göttingen 1995.

Skambraks, Joachim: 30 Minuten für den überzeugenden Elevator Pitch. 2. Auflage, Offenbach 2004.

Stärk, Johannes: Überzeugend auftreten – Wie Sie sich selbst wirkungsvoll präsentieren. 1. Auflage, Berlin 2008.

Stärk, Johannes: Assessment-Center erfolgreich bestehen – Das Standardwerk für anspruchsvolle Führungs- und Fach-Assessments. Offenbach 2011.

Stelzer-Rothe, Thomas: Vorträge halten. 2. Auflage, Berlin 2008.

Watzke-Otte, Susanne: Small Talk. 2. Auflage, Berlin 2010.

Stichwortverzeichnis

Neuer Blickwinkel?

Sie wünschen sich, leichter gute Ideen zu finden und Probleme besser zu lösen? Dieses Audiotraining spricht ausdrücklich Benutzer an, die sich nicht als besonders kreativ einschätzen. Es stellt die bekanntesten Kreativitätstechniken konkret vor, erklärt deren Prinzip und benennt ihre Anwendungsmöglichkeiten.

Marco Mencke
Kreativitätstechniken
Arbeitsbuch mit 64 Seiten + Audio-CD,
Laufzeit 70 min
ISBN 978-3-589-24009-8

Weitere Informationen zum Programm erhalten Sie im Buchhandel oder im Internet unter **www.cornelsen.de/berufskompetenz**

Cornelsen Verlag • 14328 Berlin
www.cornelsen.de

Cornelsen